U0347072

# 三峡植物园
## Three Gorges Botanical Garden

◎ 主编　刘新平　宋正江
　　　　高本旺　全小军

# 珍稀濒危植物图鉴
## Rare and endangered plants in colour

中国林业出版社
China Forestry Publishing House

图书在版编目（CIP）数据

三峡植物园珍稀濒危植物图鉴 / 刘新平等主编 . -- 北京 : 中国林业出版社，
2019.10
ISBN 978-7-5219-0181-8

Ⅰ . ①三… Ⅱ . ①刘… Ⅲ . ①珍稀植物—濒危植物—宜昌—图集 Ⅳ . ①
Q948.526.33-64

中国版本图书馆 CIP 数据核字 (2019) 第 149780 号

中国林业出版社
责任编辑：李 顺 陈 慧
出版咨询：（010）83143569

出 版：中国林业出版社（100009 北京西城区德内大街刘海胡同 7 号）
网 站：http://www.forestry.gov.cn/lycb.html
印 刷：固安县京平诚乾印刷有限公司
发 行：中国林业出版社
电 话：（010）83143500
版 次：2019 年 10 月第 1 版
印 次：2019 年 10 月第 1 次
开 本：889mm × 1194mm    1 / 16
印 张：12.75
字 数：350 千字
定 价：249 .00 元

# 《三峡植物园珍稀濒危植物图鉴》

# 编委会

顾　　问：卢　军

技术指导：江明喜

主　　编：刘新平　宋正江　高本旺　全小军

参编人员：李　薇　王毅敏　张双英　张正彬　高　晗

　　　　　胡　华　李争艳　刘　磊　彭刚志　鲁光荣

　　　　　苏彩晴　黄成名　赵　翔　王乐金　雷　华

　　　　　闵红梅　付高峰　余河川　史永鑫

序　　言：张全发

　　三峡地区地处我国第二台阶，承接南北，跨连东西，地形丰富多样，为植物的生长提供了良好的生境条件。在不足全国国土面积的 1% 的区域内拥有维管植物 242 科 1370 余属 5500 余种，约占全国维管植物物种总数的 17.4%。同时区域内植物类群起源古老，珍稀濒危物种多，也是我国特有植物分布最丰富、最集中的地区，被植物学界公认为中国三大植物分布中心之一——川东、鄂西分布中心，是我国植物多样性保护的热点地区，备受中外植物学界关注。

　　三峡植物园作为三峡地区的植物科学研究机构，一直以三峡地区生物多样性保护为使命，积极开展三峡库区及鄂西、湘西及长江上游的云南、贵州、四川和重庆等地的珍稀濒危特有植物的迁地保存和繁育的研究，现已收集珍稀濒危特有植物 460 余种，其中珍稀濒危植物 183 种，建成珍稀濒危植物异地活体保护基地 450 余亩，珍稀濒危植物繁育圃 30 亩，为三峡地区生物多样性保护奠定了良好的基础，2015 年被认定为湖北省第二批省级林木良种基地。

　　此次三峡植物园的科研人员总结多年来开展珍稀濒危植物保护的工作成果，编印出版本书，集中收录园内现已保存的 183 种珍稀濒危植物，图文并茂地描述其形态特征、地理分布和价值用途，并结合多年工作实践分析其致濒原因，阐述资源保护现状，不仅系统全面地总结完善了科研团队工作成就，同时也是非常珍贵实用的珍稀濒危植物保护研究的参考资料，值得广大同仁借鉴珍藏。是以为序。

# 前言

　　我国是世界上植物资源最丰富的国家之一，已知有 35000 多种野生和重要栽培的高等植物，其中特有种达 15000 多种，形成复杂而独具特色的植物区系。三峡地区在植物区系上处于南北、东西区系的相互渗透与过渡区，是热带、亚热带成分和温带成分的交汇地区，具有优越的地理位置、复杂的自然环境，孕育了丰富的野生植物资源，是中国植物资源最丰富的地区之一。该区域内分布中国特有种子植物和地方特有种数量均排在全国前列，如古老的孑遗植物"活化石"水杉、领春木、伯乐树等。但由于生态环境日益遭到破坏，严重影响了区域内植物资源生存条件和保存数量，凸显珍稀濒危植物具有的重要资源保护和生态保护价值。

　　三峡植物园自 1998 年成立以来，致力于开展三峡库区珍稀濒危植物的抢救、繁育研究和三峡地区生物多样性保护。2002 年根据三峡工程建设的需要，三峡植物园先后多次组织技术团队赴三峡库区及周边地区抢救保存珙桐、南方红豆杉、巴东木莲等珍稀濒危植物 58 种，初步建立了珍稀濒危特有植物异地迁地保护基地和三峡地区植物种质资源库。在此基础上，三峡植物园积极申报实施《三峡后续珍稀濒危植物保护项目》，2014 年以来组织人员先后开展 16 批次大规模引种，共计引进各类植物 67 科 460 余种，扩大珍稀濒危特有植物迁地保护基地至 450 亩。

　　三峡植物园在组织开展珍稀植物抢救保护工作的同时，逐步启动珍稀濒危植物异地保育评价研究工作，先后开展疏花水柏枝、荷叶铁线蕨、长果秤锤树等濒危特有植物的繁育试验和回归试验，珙桐、红豆树、七子花等一级保护植物的繁育技术研究，白芨、石斛等珍稀兰科植物快速繁育体系及活体保存研究，香果树、连香树等珍稀濒危植物遗传发育研究，为珍稀濒危植物及乡土珍贵植物的区域性评价和利用建立了研究基础，为林业产业和生态环境建设提供了优良植物种质材料，实现了珍稀濒危植物的保护利用和科普推广的多效发展。

本书编著工作历时两年，全面厘清了三峡植物园近20年来收集保存的珍稀濒危植物资源，通过野外调查考察和标本采集，以及文献查阅考证，坚持收集第一手资料，查明珍稀濒危植物种类及详细分布、野外生境、生物学特性、濒危原因、资源现状及繁育技术等。本书所列物种依据《国家重点保护野生植物名录（第一批）》《全国极小种群野生植物拯救保护工程（2011-2015）》和《中国植物红皮书》中相关记载，以及近年来对鄂西地区珍稀濒危植物的研究探索实践成果确定，共收录珍稀濒危植物资源54科108属183种（含变种、亚种），其中极小种群9种、红皮书中46种、省级保护植物8种。

本书作为对前期工作的阶段总结，为三峡植物园收集保存的珍稀濒危植物建立了"身份证""户口簿"，为三峡区域乃至全国植物多样性利用研究提供参考，建立了三峡地区珍稀濒危植物异地保育评价"数据信息库"。本书作为一本科普参考资料，以三峡植物园收集保存的珍稀濒危植物为蓝本，记录珍稀濒危植物的灿烂身影，让更多人了解掌握珍稀濒危植物的种类及特征，积极参与到植物保护的行动中来。同时，本图鉴的编著出版也有助于提高区域内野生植物资源的保护管理和执法监管水平，提高相关工作人员对野生保护植物的识别和鉴别能力。

本书照片主要由编者高本旺、王毅敏、李薇、胡华提供，恩施冬升植物开发有限公司的黄升先生、三峡大学的王玉兵老师提供部分图片资料并对本书的编著给予大力支持，在此一并感谢。

本书中存在疏漏和缺憾之处，衷心希望得到批评指正。

编　者

2019.6.18

# 文前说明

　　本书以三峡植物园 20 多年来收集保存的珍稀濒危植物为原始素材，参考相关文献和著作，结合这些珍稀濒危植物在三峡植物园的表现现状等相关资料编撰而成，原则上收录三峡植物园园区内现保存的珍稀植物，但原收集保存的马尾树科的马尾树、荨麻科的火麻树、铁青树科的蒜头果、龙脑香科的望天树因无法抵御低温已死亡，编委会讨论本书不予收录；同时编委会认为在湖北省分布的极其稀有的部分物种，如兰科、樟科和山茶科的一些珍贵物种，在本书中应该收录，所以本书共收录物种、亚种及变种共 183 种。

　　本书从每个物种的拉丁名、英文名称、别称、科属、保护级别、形态特征、地理分布、生境、价值用途、资源现状、濒危原因、保护措施、繁殖方式等方面进行文字描述的基础上，每一物种配 1~5 张彩色照片，这些照片大部分来自三峡植物园园区直接拍摄，少部分来自引种调查现场拍摄，照片更直观的展示这些物种的形态特征和生境，达到图文并茂的效果。

　　为了便于检索和使用，本书植物名称与 PPBC 中国植物图像库和中国植物志规范中文名称和拉丁名一致，本书对所收录的所有植物分别编制了中文名称和拉丁学名的索引，方便读者查阅。

# 目录 CONTENTS

# 银 杏

## 银杏科

拉 丁 名：*Ginkgo biloba* Linn.　　　　　　英文名称：Ginkgo

科　　属：银杏科（Ginkgoaceae）银杏属（*Ginkgo*）　　保护级别：国家一级保护植物

主要别名：白果、公孙树、鸭脚树、蒲扇杉（湖北）

## 【形态特征】

　　落叶乔木，枝有长枝与短枝。叶在长枝上螺旋状散生，在短枝上簇生状，叶片扇形，有长柄，有多数2叉状并列的细脉；上缘宽 5~8cm，浅波状，有时中央浅裂或深裂。球花单性，雌雄异株，稀同株，生于短枝叶腋或苞腋；雄球花成柔荑花序状，雄蕊多数，各有2花药；雌球花有长梗，梗端2叉（稀不分叉或3~5叉），叉端生1珠座，每珠座生1胚珠，仅1个叉端的胚珠发育成种子。种子核果状，椭圆形至近球形，长 2.5~3.5cm；外种皮肉质，有白粉，熟时淡黄色或橙黄色；中种皮骨质，白色，具2~3棱；内种皮膜质；胚乳丰富。花期 3~4 月，种子 9~10 月成熟。

## 【地理分布】

　　湖北长阳方山景区的绝壁上有一株胸径十多厘米的银杏，疑为野生。野生银杏仅分布于浙江和云南，现全国各地栽培。

## 【野外生境】

　　生于海拔 1500m 以下的山坡、沟边。

## 【价值用途】

　　我国特有单属科植物，著名的活化石植物，具有重要科研价值；亦为珍贵用材树种和园林观赏树种，银杏果可食用，叶供药用。

## 【资源现状】

　　三峡植物园现保存古树 4 株，繁育苗木 1000 多株，在园区各处栽植，可正常开花结果，并繁育苗木，用作行道树和园林造景。

## 【濒危原因】

　　中生代孑遗稀有树种，生长较慢，寿命极长，自然条件下从栽种到结果需 20 多年，40 年后才能大量结果。

## 【保护措施】

　　开展就地保护、迁地保护现有银杏古树及天然林种质资源；人工繁育技术研究，推广扩大银杏种群数量及遗传多样性。

## 【繁殖技术】

　　种子繁殖，扦插繁殖。

# 穗花杉　　　　　　　　　　　　　　　　　　　　　　红豆杉科

拉 丁 名：*Amentotaxus argotaenia* (Hance) Pilg.　　　英文名称：Common Amentotaxus

科　　属：红豆杉科（Taxaceae）穗花杉属（*Amentotaxus*）　　保护级别：国家三级保护植物

## 【形态特征】

常绿小乔木或成灌木状；树皮成片状脱落；小枝斜展，圆形或近方形，一年生枝绿色，二、三年生枝黄绿色或黄色。叶交互对生，二列，厚革质，基部扭转成两列，条状披针形，直或微弯镰状，长3~11cm，宽 6~11mm，先端渐尖，基部楔形，叶柄极短，下面有 2 条白色气孔带。雄球花穗 1~3 穗，长5~6.5cm，雄蕊有 2~5 个（多为 3）花药。种子椭圆形，成熟时假种皮鲜红色，长 2~2.5cm，径约 1.3cm，顶端有小尖头露出。花期 4 月，种子 10 月成熟。

## 【地理分布】

中国特有种，在湖北零星分布于兴山、五峰、恩施、建始、利川、神农架、巴东、竹山、竹溪、十堰等地，在四川东部巫溪、石柱、南川与中部眉山，甘肃东南部，西藏东南部，浙江南部，福建北部，江西西部，湖南南部，广东，香港，广西，贵州东南部与北部，越南北部也有分布。

## 【野外生境】

生于海拔 300~1800m 的溪沟旁或林中。

## 【价值用途】

第三纪孑遗植物，对研究古地质、古地理、植物区系以及植物分类等方面具有重要意义；亦可作庭园绿化和观赏树种；种子含油达 50%，可制肥皂用；木材供做农具、家具等用。

## 【资源现状】

三峡植物园现引种保存，长势良好，可正常开花结果。

## 【濒危原因】

森林采伐过度，原生环境恶化，天然林分布范围小，种子有后期休眠习性，幼苗、幼树生长缓慢，天然更新力较弱，有濒危的风险。

## 【保护措施】

穗花杉天然分布区内已建有不少保护小区，保护好天然林母树及其自然环境，促进天然更新。

## 【繁殖技术】

播种繁殖，扦插繁殖。

# 红豆杉

拉 丁 名：*Taxus chinensis* (Pilg.) Rehd.　　　　英文名称：Taxus chinensis

科　　属：红豆杉科（Taxaceae）红豆杉属（*Taxus*）　　保护级别：国家一级保护植物

主要别名：卷柏（四川峨眉）、扁柏（四川宝兴）、红豆树（湖北宣恩）、观音杉（湖北）

## 【形态特征】

常绿乔木。小枝互生。叶螺旋状着生，基部扭转排成二列，条形，通常微弯，长 1~2.5cm，宽 2~2.5mm，边缘微反曲，先端渐尖或微急尖，下面沿中脉两侧有两条宽灰绿色或黄绿色气孔带，绿色边带极窄，中脉带上有密生均匀的微小乳头点。球花单性，雌雄异株，单生叶腋；雌球花的胚珠单生于花轴上部侧生短轴的顶端，基部托以圆盘状假种皮。种子扁卵圆形，生于红色肉质的杯状假种皮中，长约 5mm，先端微有二脊，种脐卵圆形。花期 4~5 月，种子 10 月成熟。

## 【地理分布】

湖北五峰后河、神农架、竹溪均有野生资源分布，陕西、四川、云南、贵州、甘肃、湖南、广西等地均有分布。

## 【野外生境】

生于海拔 1000m 以上的高山上部。

## 【价值用途】

优良用材；种子可制皂及润滑油；叶子果皮提纯紫杉醇，入药有驱蛔虫、消积食、利尿消肿作用；木材雕刻，绿化观赏。

## 【资源现状】

三峡植物园自 2008 年引种保育以来，长势良好，正常开花结果，并开展了繁育研究。

## 【濒危原因】

该物种是经第四纪冰川遗留下来的古老树种，分布星散，野生树木日渐减少，在自然条件下红豆杉幼苗生长缓慢，再生能力差。

## 【保护措施】

建立保护区，保护好自然生境，促进天然更新，在适宜区域大力营造红豆杉林。

## 【繁殖技术】

播种繁殖，扦插繁殖。

# 南方红豆杉

拉 丁 名：*Taxus chinensis* (Pilger) Rehd. var. *mairei* (Lemee et Levl.) Cheng et L. K. Fu

英文名称：Taxusmairei

科　　属：红豆杉科（Taxaceae）红豆杉属（*Taxus*）　　保护级别：易危种，国家一级保护植物

主要别名：美丽红豆杉（经济植物手册）、杉公子（四川南川）、赤推（浙江丰阳）、榧子木（福建）、
　　　　　海罗松（江西遂川）、红叶水杉（江西井冈山）

## 【形态特征】

为红豆杉的变种，区别在于叶常较宽、长，多呈弯镰状，通常长 2~4.5cm，宽 3~5mm，上部常渐窄，先端渐尖，下面中脉带上无角质乳头点突起，或局部有成片或零星分布的角质乳头点突起，或与气孔带相邻的中脉带两边有一至数条角质乳头点突起，中脉带明晰可见，其色泽与气孔带相异，呈淡黄绿色或绿色，绿色边带较宽而明显。

## 【地理分布】

在湖北分布于五峰、长阳、兴山、神农架、来凤、宣恩、咸丰、建始、鹤峰、恩施、利川、巴东、房县、竹山、南漳、英山、罗田、通山、通城、崇阳等地。在安徽南部、浙江、台湾、福建、江西、广东北部、广西北部及东北部、湖南、河南西部、陕西南部、甘肃南部、四川、贵州及云南东北部等地均有分布。

## 【野外生境】

常生于海拔 600~1200m 的山地林中。

## 【价值用途】

木材的性质与用途和红豆杉相同。优良用材和药用树种，具有极佳的绿化观赏价值。

## 【资源现状】

三峡植物园 2008、2014 年收集宣恩、五峰、神农架、福建四个种源，长势良好，能正常开花结果。

## 【濒危原因】

天然分布区林地面积急剧缩小，过度采伐野生资源。

## 【保护措施】

控制采挖野生资源，开展人工繁育研究及推广应用。

## 【繁殖技术】

种子繁殖，扦插繁殖。

# 东北红豆杉

拉 丁 名：*Taxus cuspidata* Sieb. et Z.

英文名称：Northeast yew

科　　属：红豆杉科（Taxaceae）红豆杉属（*Taxus*）

保护级别：国家一级保护植物

主要别名：紫杉、赤柏松、宽叶紫杉

## 【形态特征】

乔木；树皮红褐色，有浅裂纹；枝条平展或斜上直立，密生；小枝基部有宿存芽鳞，一年生枝绿色，秋后呈淡红褐色，二、三年生枝呈红褐色或黄褐色；叶排成不规则的二列，斜上伸展，约成45°，条形，通常直，稀微弯，长 1~2.5cm，宽 2.5~3mm，稀长达4cm，基部窄，有短柄，先端通常凸尖，上面深绿色，有光泽，下面有两条灰绿色气孔带，气孔带较绿色边带宽二倍，干后呈淡黄褐色，中脉带上无角质乳头状突起点。雄球花有雄蕊 9~14 枚，各具 5~8 个花药。种子紫红色，有光泽，卵圆形，长约 6mm，上部具 3~4钝脊。花期 5~6 月，种子 9~10 月成熟。

## 【地理分布】

产于吉林老爷岭及长白山区等地。山东、江苏、江西等省有栽培。

## 【野外生境】

生于海拔 500~1000m、气候冷湿、酸性土地带，常散生于林中。

## 【价值用途】

珍稀的药用植物，也是目前珍贵稀有的高档绿化树种。

## 【资源现状】

三峡植物园现收集保存 100 多株，幼林期夏季需预防长时间强光直射及干旱。

## 【濒危原因】

东北红豆杉因其野生资源稀少，被列为国家一级珍稀树种加以保护。

## 【保护措施】

建立原生保护区，保护好自然环境，促进天然更新；开展适生区选育、苗木繁殖及营林技术研究。

## 【繁殖技术】

种子繁殖，扦插繁殖。

# 巴山榧树

拉 丁 名：*Torreya fargesii* Franch.

科　　属：红豆杉科（Taxaceae）榧树属（*Torreya*）

主要别名：紫柏、铁头榧、篦子杉、球果榧

英文名称：Torreya fargesii

保护级别：国家二级保护植物

## 【形态特征】

常绿乔木。小枝基部无宿存芽鳞。叶螺旋状排列，基部扭转呈二列，条形或披针状条形，直或微弯，长1.3~3cm，宽2~3.5mm，先端微急尖或微渐尖、有刺状短尖，基部宽楔形，有短柄，上面无中脉而有2条不伸达中上部的凹槽，下面有两条窄气孔带。球花单性，雌雄异株；雄球花单生叶腋；雌球花成对生于叶腋，通常仅1个发育。种子卵圆形、球形或宽椭圆形，长约2cm，直径约1.5cm，肉质假种皮微被白粉，骨质种皮的内壁平滑，胚乳周围显著地向内深皱。花期4~5月，种子9~10月成熟。

## 【地理分布】

产于湖北西部、陕西南部、四川东部、东北部及西部峨眉山。

## 【野外生境】

生于海拔1000~1800m的山地。

## 【价值用途】

种子可榨油，供食用或作润滑油；材质坚硬，可作家具、车辆等用。

## 【资源现状】

三峡植物园从天然林分中引种直接栽植成活率和保存率较低，年生长量低，夏季高温易造成叶灼；有侧方遮阳的林下生长较好。

## 【濒危原因】

我国特有种，现有天然分布区范围小，生态环境较狭窄，加之材质优良，多为砍伐对象，天然林中更新缓慢，野生资源愈来愈稀少。

## 【保护措施】

原地保护现存的天然种群；开展原生境的调查研究；开展树种人工驯化选育及栽培研究、推广。

## 【繁殖技术】

种子繁殖，扦插繁殖。

# 榧 树

拉 丁 名：*Torreya grandis* Fort. et Lindl.　　　英文名称：Torreya grandis

科　　属：红豆杉科（Taxaceae）榧树属（*Torreya*）　　保护级别：国家二级保护植物

主要别名：香榧、野榧、羊角榧、榧子

## 【形态特征】

常绿乔木。树皮浅黄灰色、深灰色或灰褐色，不规则纵裂；一年生枝绿色，无毛，二、三年生枝黄绿色、淡褐黄色或暗绿黄色，稀淡褐色。叶条形，列成两列，通常直，长 11~25mm，宽 2.5~3.5mm，先端凸尖，上面光绿色，无隆起的中脉，下面淡绿色，有两条与中脉带近等宽的窄气孔带。球花单性，雌雄异株；雄球花单生叶腋；雌球花成对生于叶腋，基部各有两对交互对生的苞片及外侧的一小苞片。种子椭圆形、卵圆形、倒卵圆形或长椭圆形，长 20~45mm，径 15~25mm，假种皮淡紫红色，有白粉，顶端微凹。花期 4 月，种子翌年 10 月成熟。

## 【地理分布】

为我国特有树种，产于江苏南部、浙江、福建北部、江西北部、安徽南部，西至湖南西南部及贵州松桃等地。

## 【野外生境】

生于海拔 1400m 以下温暖多雨的黄壤、红壤、黄褐土壤地区。

## 【价值用途】

木材供建筑、造船、家具等用；种子炒熟可食，亦可榨食用油；假种皮可提炼芳香油。

## 【资源现状】

三峡植物园收集保存 10 株，最大地径达 60cm，3 年生植株平均树高 0.8m。

## 【濒危原因】

现有天然分布区范围小，生态环境较狭窄，加之材质优良，多为砍伐对象，天然更新缓慢，野生资源愈来愈稀少。

## 【保护措施】

原地保护野生群落及大树；建立种质资源收集保护基地；开展坚果食用经济性状良种选育及繁育推广；建立生态经济林。

## 【繁殖技术】

种子繁殖，扦插繁殖，嫁接繁殖，压条繁殖。

# 长叶榧树

| | |
|---|---|
| 拉 丁 名：*Torreya jackii* Chun | 英文名称：Torreya jackii |
| 科　　属：红豆杉科（Taxaceae）榧树属（*Torreya*） | 保护级别：国家三级保护植物 |
| 主要别名：浙榧、加氏榧、臭榧、山榧、白榧或青榧 | |

## 【形态特征】

乔木，高达12m，胸径约20cm；树皮灰色或深灰色，裂成不规则的薄片脱落，露出淡褐色的内皮；小枝平展或下垂，一年生枝绿色，后渐变成绿褐色，二、三年生枝红褐色，有光泽。叶列成两列，质硬，条状披针形，上部多向上方微弯，镰状，长3.5~9cm，宽3~4mm，上部渐窄，先端有渐尖的刺状尖头，基部渐窄，楔形，有短柄，上面光绿色，有两条浅槽及不明显的中脉，下面淡黄绿色，中脉微隆起，气孔带灰白色。种子倒卵圆形，肉质假种皮被白粉，长2~3cm，顶端有小凸尖，基部有宿存苞片，胚乳周围向内深皱。

## 【地理分布】

我国特有种，是新生代第三纪孑遗裸子植物，分布范围比较窄小，主要分布于湖北省北部的一些地区。在浙江南部、西部，福建西部、北部，江西省东部、北部有零星分布。

## 【野外生境】

主要分布海拔200~1250m的区域，多生长于湿润、凉爽的山谷沟边，山坡阴部阔叶树林、竹林下和悬崖峭壁的岩隙中。

## 【价值用途】

中国特有珍稀树种，第三纪孑遗种，东亚－北美植物区系的一个间断分布属种。对于研究植物区系分布、植物分类学、保护生物多样性、植物区系等问题都具有重要意义。是优良用材树种，种子可榨油，炒熟可食。有驱除肠道寄生虫作用，并是庭院观赏树种和制作盆景的良好素材。

## 【资源现状】

三峡植物园2014年收集保存15株，5年生植株

平均高2.5m，地径3cm。

## 【濒危原因】

地理分布范围狭窄，野生资源数量稀少，分布区域内林地资源开发强度大。

## 【保护措施】

原地保护野生群落及大树；建立种质资源收集保护基地；开展坚果食用经济性状良种选育及繁育推广；建立生态经济林。

## 【繁殖技术】

播种繁殖。

# 竹 柏

# 罗汉松科

拉 丁 名：*Podocarpus nagi* (Thunb.) Zoll. et Mor. ex Zoll.　　英文名称：Podocarpus nagi

科　　属：罗汉松科（Podocarpaceae）罗汉松属（*Podocarpus*）　　保护级别：国家二级保护植物

主要别名：椰树、罗汉柴、大果竹柏

## 【形态特征】

常绿乔木。树皮近于平滑，红褐色或暗紫红色，成小块薄片脱落。叶对生，革质，长卵形、卵状披针形或披针状椭圆形，长 3.5~9cm，宽 1.5~2.5cm，有多数并列的细脉，无中脉，上面深绿色，有光泽，基部楔形或宽楔形，向下窄成柄状。球花单性，雌雄异株；雄球花穗状圆柱形，单生叶腋，常呈分枝状；雌球花单生叶腋，稀成对腋生，基部有数枚苞片，花后苞片不肥大成肉质种托。种子圆球形，直径 1.2~1.5cm，成熟时假种皮暗紫色，有白粉，其上有苞片脱落的痕迹；骨质外种皮黄褐色，内种皮膜质。花期 3~4 月，种子10 月成熟。

## 【地理分布】

产于浙江、福建、江西、四川、广东、广西、湖南等地。

## 【野外生境】

生于海拔 100~1600m 的山地。

## 【价值用途】

古老裸子植物，木材为优良的建筑、造船、家具、器具及工艺用材；种仁油供食用及工业用油。有净化空气、抗污染和强烈驱蚊效果，具有较高的观赏、生态、药用和经济价值。

## 【资源现状】

三峡植物园 20 世纪 70 年代引种培育绿化苗木销售。现收集江西九江种源，长势良好，15 年生行道树树高近 4m，地径 6~8cm，已正常开花结果，种子繁殖出苗率高。

片化。

## 【保护措施】

收集野生种质材料建立保存库；开展全冠苗木培育技术研究、适生区及特殊立地条件栽培技术研究及应用。

## 【濒危原因】

野生分布区内林地开发强度大，种群生境极度碎

## 【繁殖技术】

种子繁殖，扦插繁殖。

# 鸡毛松

拉丁名：*Podocarpus imbricatus* Blume
科　　属：罗汉松科（Podocarpaceae）罗汉松属（*Podocarpus*）
主要别名：爪哇罗汉松、岭南罗汉松、爪哇松、异叶罗汉松

英文名称：Podocarpus imbricatus
保护级别：国家三级保护植物

## 【形态特征】

乔木，高可达 30m，胸径可达 2m；树干通直，树皮灰褐色；枝条开展或下垂；小枝密生，纤细，下垂或向上伸展。叶异型，螺旋状排列，下延生长，两种类型之叶往往生于同一树上；老枝及果枝上之叶呈鳞形或钻形，覆瓦状排列，形小，长 2~3mm，先端向上弯曲，有急尖的长尖头；生于幼树、萌生枝或小枝顶端之叶呈钻状条形，质软，排列成两列，近扁平，长 6~12mm，宽约 1.2mm，两面有气孔线，上部微渐窄，先端向上微弯，有微急尖的长尖头。雄球花穗状，生于小枝顶端，长约 1cm；雌球花单生或成对生于小枝顶端，通常仅 1 个发育。种子无梗，卵圆形，长 5~6mm，有光泽，成熟时肉质假种皮红色，着生于肉质种托上。花期 4 月，种子 10 月成熟。

## 【地理分布】

产于广东、海南（五指山、尖峰岭等地），在广西金秀、云南东南部及南部亦有分布，广东信宜有栽培。

## 【野外生境】

生于海拔 400~1000m 山地，多生于山谷、溪涧旁，常与常绿阔叶树组成混交林，或成纯林。

## 【价值用途】

对研究植物区系及罗汉松属分类分布有科学意义。栽培供观赏，木材优良，为海南的主要用材和造林树种之一。

## 【资源现状】

在三峡植物园收集保存，能正常生长，但幼叶有冻害。

## 【濒危原因】

因其材质优良，被长期大量砍伐，导致天然资源

日渐枯竭，被列为经济价值大的珍稀渐危保护植物。该种是罗汉松属鸡毛松组分布至中国的唯一代表，是海南中部山地雨林的标志种。

## 【保护措施】

海南尖峰岭已建立自然保护区，并在部分采伐迹地上以鸡毛松人工更新，在其他分布区也应采取有效的保护措施，可将分布集中、生长旺盛的鸡毛松林分改造成母树林。

## 【繁殖技术】

种子繁殖。

# 三尖杉

拉 丁 名：*Cephalotaxus fortunei* Hook. f.　　　　英文名称：Cephalotaxus fortunei

科　　属：三尖杉科（Cephalotaxaceae）三尖杉属（*Cephalotaxus*）　　保护级别：渐危

主要别名：三尖松、藏杉、桃松、狗尾松、山榧树、头形杉

## 【形态特征】

常绿乔木。小枝对生，基部有宿存芽鳞。叶螺旋状着生，排成两列，披针状条形，常微弯，长 4~13cm，宽 3~4.5mm，上部渐窄，基部楔形或宽楔形，上面中脉隆起，深绿色，下面中脉两侧有白色气孔带。球花单性，雌雄异株，稀同株；雄球花 8~10 聚生成头状，单生叶腋，直径约 1cm，梗较粗，长 6~8mm，每雄球花有 6~16 雄蕊，基部有一苞片；雌球花由数对交互对生、各有 2 胚珠的苞片所组成，生于小枝基部的苞片腋部，稀生枝顶，有梗，胚珠常 4~8 个发育成种子。种子生柄端，常椭圆状卵形，长约 2.5cm，熟时外种皮紫色或紫红色，柄长 1.5~2cm。花期 4 月，种子 8~10 月成熟。

## 【地理分布】

产于湖北宜昌、兴山等地，在浙江、安徽南部、福建、江西、湖南、河南南部、陕西南部、甘肃南部、四川、云南、贵州、广西及广东等地也有分布。

## 【野外生境】

生于海拔 200~1500m 的山坡林中、山谷边。常自然散生于山涧潮湿地带，生于山坡疏林、溪谷湿润而排水良好的地方。

## 【价值用途】

古老孑遗植物，科研价值高。种子可制漆、蜡及硬化油等用；入药有润肺、止咳、消积之效；木材富弹性，可作挑杠、农具柄等用材。

## 【资源现状】

三峡植物园收集保存 15 株，3 年生植株平均高 1.5m。

## 【濒危原因】

过度采伐天然林；人工驯化技术滞后。

## 【保护措施】

原地保护三尖杉天然林及其生境，探索提高自然更新能力的技术途径；异地建立种质资源收集区，开展种源、林分选育及区域栽培试验，开展苗木繁育、造林技术研究等。

## 【繁殖技术】

种子繁殖。

# 篦子三尖杉

拉 丁 名：*Cephalotaxus oliveri* Mast.　　　　英文名称：Cephalotaxus oliveri

科　　属：三尖杉科（Cephalotaxaceae）三尖杉属（*Cephalotaxus*）　　保护级别：易危种，国家二级保护植物

主要别名：阿里杉、梳叶圆头杉、花枝杉、篦子杉、老鼠杉、梳叶头形杉、油杉

## 【形态特征】

常绿灌木。叶条形，螺旋着生，排成二列，紧密，质硬，通常中部以上向上微弯，长 1.5~3.2cm，宽 3~4.5mm，先端微急尖，基部截形或心脏状截形，近无柄，下延部分之间有明显沟纹，上面微凸，中脉微明显或仅中下部明显，下面有两条白色气孔带。球花单性，雌雄异株，稀同株；雄球花 6~7 聚生成头状；雌球花由数对交互对生的苞片组成，有长梗，每苞片腹面基部生 2 胚珠。种子倒卵圆形或卵圆形，长约 2.7cm，直径 1.8cm。花期 3~4 月，种子 8~10 月成熟。

## 【地理分布】

湖北西部山区及崇阳、通山等地零星分布，在广东、江西、湖南、四川、贵州、云南、东北等地也有分布。

## 【野外生境】

生于海拔 280~1800m 山坡阔叶林或针叶林中、山谷缝中。

## 【价值用途】

对于研究古植物区系和三尖杉属系统分类以及其起源、分布具有十分重要的研究价值；是良好的工业、工艺用材及稀有名贵观赏树种。

## 【资源现状】

三峡植物园 2015 年收集保存 30 株，长势良好，4 年生植株已开花。

## 【濒危原因】

篦子三尖杉的遗传多样性比较低，天然分布数量稀少；自然条件下种子的萌发生长率低，天然更新困难；过度砍伐及原生境受到破坏。

## 【保护措施】

原地保护天然林及其生境；积极开展原地回归技术应用研究、树种驯化研究及应用推广，以扩大篦子三尖杉的种群数量。

## 【繁殖技术】

种子繁殖。

# 粗榧

拉 丁 名：*Cephalotaxus sinensis* (Rehd. et Wils.) Li

科　　属：三尖杉科（Cephalotaxaceae）三尖杉属（*Cephalotaxus*）

主要别名：鄂西粗榧、粗榧杉、中华粗榧杉、中国粗榧

英文名称：Cephalotaxus sinensis

保护级别：国家一级保护植物

## 【形态特征】

常绿灌木或小乔木，高达 15m，胸径约 40cm。树皮灰色或灰褐色，片裂。叶螺旋状着生，基部扭转，排成两列，线形，直，或稍弯，长 2~5cm，宽约 3mm，先端微窄，有短尖头，基部近圆形或宽楔形，上面中脉明显，下面有两条白色气孔带。球花单性，雌雄异株，稀同株；雄球花 6~7 个聚生成头状，直径约 6mm，花梗长约 3mm。种子通常 2~5，着生总梗上部，卵圆形或椭圆状卵形，长 1.8~2.5cm，顶端有小尖头。花期 3~4 月，种子 9~11 月成熟。

## 【地理分布】

自然分布于长江流域及以南地区，产于江苏南部、浙江、安徽南部、福建、江西、河南、湖南、湖北、陕西南部、甘肃南部、四川、云南东南部、贵州东北部、广西、广东西南部等地。

## 【野外生境】

多数生于海拔 600~2200m 的花岗岩、砂岩及石灰岩山地。

## 【价值用途】

第三纪子遗植物，我国特有树种，叶、枝、种子、根可药用；木材坚实，可作农具及工艺用；树皮可提栲胶；种子榨油，供制肥皂、润滑油等；又可作观赏用。

## 【资源现状】

三峡植物园 2015 年收集保存 20 株，长势良好，4 年生植株已开花，未见结果。

## 【濒危原因】

由于被过度砍伐利用，且生境遭到破坏，加之该树种生长缓慢，对生境要求高，野生资源在短时间内

很难得到更新和恢复。

## 【保护措施】

原地保护野生种群及其生境；积极开展天然林种群恢复、引种驯化及高效栽培应用技术研究。

## 【繁殖技术】

播种繁殖，嫁接繁殖，扦插繁殖。

# 秦岭冷杉 松 科

拉 丁 名：*Abies chensiensis* Tiegh.　　　英文名称：Abies chensiensis

科　　属：松科（Pinaceae）冷杉属（*Abies*）　　保护级别：易危种，国家一级保护植物

主要别名：陕西冷杉、枞树

## 【形态特征】

常绿乔木。叶螺旋状着生，排成两列或近两列状，线形，长 1.5~4.8cm，上面深绿色，有光泽，下面有两条灰绿色气孔带，无白粉；果枝的叶先端尖或钝，横切面有两个中生或近中生的树脂管，营养枝及幼树上的叶长度常不等，先端二裂或微凹，树脂管边生；球花单性，雌雄同株，单生叶腋，雄球花下垂，雌球花直立。球果褐色，圆柱形或卵状圆柱形，长 7~11cm，直径 3~4cm，几乎无梗，中部种鳞肾形，长约 1.5cm，宽约 2.5cm，鳞背露出部分除边缘外密生短毛，苞鳞不露出，长约为种鳞的 3/4。种子倒三角状椭圆形，长约 8mm，种翅上端宽约 1cm，淡黑褐色，有光泽。

## 【地理分布】

在湖北零星分布于巴东、神农架、房县、竹山、竹溪等地，岛屿化分布于河南西南部、陕西南部、甘肃南部。

## 【野外生境】

生于海拔 1300~2300m 的山坡林地。

## 【价值用途】

中国特有植物，对研究物种形成和植物地理区系

具有重要价值，具备较高的经济、药用、观赏价值。

## 【资源现状】

本种在湖北省天然分布极少，鄂西海拔 1600m 处有人工栽培，10 年生树平均地径 12cm，冠幅 4m，高 4.5m。三峡植物园 2015 年引进 15 株，现保存 1 株，4 年生树高 0.7m，引种到低海拔地区栽培需要采取遮阳等保护措施。

## 【濒危原因】

地理分布区域狭窄，多呈零星分布，种子败育率高。

## 【保护措施】

就近迁地保护；开展原地回归、综合配套技术应用研究。

## 【繁殖技术】

播种繁殖，扦插繁殖。

# 大果青扦

拉 丁 名：*Picea neoveitchii* Mast.
科　　属：松科（Pinaceae）云杉属（*Picea*）
主要别名：爪松、紫树、青扦杉

英文名称：Picea neoveitchii
保护级别：濒危种，国家二级保护植物

## 【形态特征】

乔木；树皮灰色，裂成鳞状块片脱落。叶四棱状条形，两侧扁，高大于宽或等宽，常弯曲，长1.5~2.5cm，宽约2mm，先端锐尖，四面有气孔线，上两面各有5~7条，下两面各有4条。球果长圆状圆柱形或卵状圆柱形，长8~14cm，径5~6.5cm，通常两端渐窄，或近基部微宽，熟前绿色，有树脂，熟时淡褐色或褐色，或带黄绿色；种鳞宽倒卵状五角形、斜方状卵形或倒三角状宽卵形，长约2.7cm，宽2.7~3cm，上部宽圆或微成钝三角状，边缘薄，有细齿或近全缘。种子倒卵圆形，长5~6mm，连翅长约1.6cm。

## 【地理分布】

在湖北零星分布于巴东、兴山、神农架、房县、南漳、保康、竹溪、竹山等地，河南、陕西南部、甘肃天水及白龙江流域也有分布。模式标本采自湖北西部。

## 【野外生境】

喜湿，耐寒，多生于海拔1300~2200m间的山坡针阔混交林中。

## 【价值用途】

秦岭特有种，对研究植物区系和云杉属分类有重要的科学意义。优良的用材树种，可作分布区内的造林树种。

## 【资源现状】

三峡植物园在20世纪70年代开展引种驯化研究，高海拔种质资源保存基地的母树已开花结实。

## 【濒危原因】

由于人类开发利用强度大，导致其种群分布范围急剧缩减，呈星散分布，野生资源稀少，种群年龄结构属于衰退型，极少见幼树幼苗，濒危情况严重。

## 【保护措施】

在有天然林分布的自然保护区和林场内，促进母树结实和天然更新；积极开展苗木繁育工作、就近补植造林促进更新，扩大种群数量及改善年龄结构。

## 【繁殖技术】

播种繁殖，扦插繁殖。

# 大别山五针松

拉 丁 名：*Pinus dabeshanensis* Cheng et Law
科　　属：松科（Pinaceae）松属（*Pinus*）
主要别名：安徽五针松

英文名称：Pinus dabeshanensis
保护级别：濒危种，国家二级保护植物

## 【形态特征】

乔木；树皮棕褐色，浅裂成不规则的小方形薄片脱落；枝条开展，树冠尖塔形。针叶5针一束，长5~14cm，径约1mm，微弯曲，先端渐尖，边缘具细锯齿，背面无气孔线，仅腹面每侧有2~4条灰白色气孔线；横切面三角形，皮下细胞一层，背部有2个边生树脂道，腹面无树脂道；叶鞘早落。球果圆柱状椭圆形，梗长0.7~1cm；熟时种鳞张开，鳞脐不显著，下部底边宽楔形。种子淡褐色，倒卵状椭圆形，木质翅，种皮较薄。

## 【地理分布】

在湖北零星分布于英山、罗田、红安等地，在安徽西南部（岳西）的大别山区也有分布。

## 【野外生境】

生于海拔600~1400m山坡地带，为喜光树，幼树较耐荫蔽，根系发达，常盘结或伸入岩面缝隙中，生活力强，抗风害，耐严寒。

## 【价值用途】

中国特有种，对研究松属的系统发育有科学意义。材质轻软，用材林树种。

## 【资源现状】

种子播种育苗出苗率高，幼苗及幼林生长缓慢，三峡植物园2015年已收集保存50多株。

## 【濒危原因】

野生种群中大树少，单株结实量较低，种子易遭松鼠危害，林下虽有不同龄级幼苗、幼树，但多数处于林下或灌木林中，压抑现象严重，生长缓慢。

## 【保护措施】

在分布集中区域建立保护区，加强保护和经营管理。建立母树林，对天然幼树、幼苗进行抚育管理，并积极做好人工育苗及工程造林工作。

## 【繁殖技术】

播种繁殖。

# 毛枝五针松

拉 丁 名：*Pinus wangii* Hu et Cheng

科　　属：松科（Pinaceae）松属（*Pinus*）

主要别名：滇南松、云南五针松

英文名称：Pinus wangii

保护级别：国家一级保护植物

## 【形态特征】

常绿乔木。树皮呈不规则块状开裂。针叶 5 针一束，长 2.5~6cm，宽 1~1.5mm，先端急尖，边缘有细齿，腹面两侧各有 5~7 条气孔带，横切面三角形，有3 个中生树脂道；叶鞘早落；鳞叶不延下生长，脱落。雄球花单生苞腋，簇生于幼枝基部，呈穗状，有多数螺旋状排列的雄蕊；雌球花近顶生，具多数螺旋状排列，具 2 胚珠的珠鳞，背面托以小苞鳞。球果翌年成熟，淡黄褐色或褐色，下垂，长圆状圆柱形或卵状圆柱形，长 4.5~9cm，直径 2~4.5cm；种鳞近倒卵形，长2~3cm，宽 1.5~2cm，鳞盾扁菱形。种子卵圆形，长8~10mm，直径约 6mm，种翅膜质。

## 【地理分布】

云南南部石灰岩山地特有种，分布区域极其狭窄，仅零星分布于云南麻栗坡、西畴、马关等地。

## 【野外生境】

常生于石灰岩山地常绿阔叶林中，或石山岩坡和悬崖峭壁。

## 【价值用途】

极好的盆景植物，对极小种群植物迁地保护研究及引种回归实践具有重要意义。

## 【资源现状】

中国极小种群野生植物毛枝五针松的迁地保护获得初步成功。三峡植物园 2015 年收集 10 株，保存 8株，生长状况良好。

## 【濒危原因】

天然分布区极狭窄，而且野生资源数量极少，种子发育困难。

## 【保护措施】

在云南麻栗坡和西畴建立了自然保护区，保护种群及古树，人工繁殖种苗，扩大栽培范围和种群数量。

## 【繁殖技术】

种子繁殖。

# 金钱松

拉 丁 名：*Pseudolarix amabilis* (Nelson) Rehd.　　英文名称：Pseudolarix amabilis

科　　属：松科（Pinaceae）金钱松属（*Pseudolarix*）　　保护级别：易危种，国家二级保护植物

主要别名：水树、金松

## 【形态特征】

　　落叶乔木。枝平展，不规则轮生；树干通直，树皮灰色或灰褐色，裂成鳞状块片。叶在长枝上螺旋状散生，在短枝上 20~30 片簇生、伞状平展，线形或倒披针状线形，柔软，长 3~7cm，宽 1.5~4mm。淡绿色，上面中脉不隆起或微隆起，下面沿中脉两侧有两条灰色气孔带，秋季叶呈金黄色。雌雄同株，球花生于短枝顶端，具梗；雄球花 20~25 个簇生；雌球花单生，苞鳞大于珠鳞，珠鳞的腹面基部有 2 枚胚株。球果当年成熟，直立，卵圆形，长 6~7.5cm，直径 4~5cm，成熟时淡红褐色，具短梗；种子卵圆形，有与种鳞近等长的种翅。

## 【地理分布】

　　在湖北零星分布于恩施、利川、巴东、房县、郧西、竹溪、丹江口、通山、通城、崇阳、英山等地，在四川、江苏南部（宜兴）、浙江、安徽南部、福建北部、江西、湖南等地也有分布。

## 【野外生境】

　　生于海拔 1000~2500m 的酸性土山区林中。

## 【价值用途】

　　著名的古老孑遗植物。金钱松材质上等，同时也是优良的观赏树种。种子可榨油。根皮亦可药用。

## 【资源现状】

　　三峡植物园 2002、2014、2018 年，分 3 批次引种 60 株，在丘陵岗地不同微生境条件下生长良好。鄂西海拔 1600m 处有人工栽培，10 年生树平均地径 12cm，冠幅 4m，树高 5.5m。

## 【濒危原因】

　　野生资源分布零星，个体稀少，且结实有明显的间歇性，亟待保护。

## 【保护措施】

　　金钱松已被列为适生区中山及丘陵地的重要造林树种。许多城市和植物园也已引种栽培。

## 【繁殖技术】

　　播种繁殖。

# 花旗松

拉 丁 名：*Pseudotsuga menziesii* (Mirbel) Franco
科　　属：松科（Pinaceae）黄杉属（*Pseudotsuga*）
主要别名：北美黄杉

英文名称：Douglas
保护级别：国家二级保护植物

## 【形态特征】

常绿大乔木。树皮厚，深裂成鳞状。叶条形，长1.5~3cm，先端钝或微尖，上面深绿色，下面色较淡，有两条灰绿色气孔带。球果呈椭圆状卵圆形，长约8cm，褐色，有光泽；种鳞斜方形或近菱形；苞鳞长于种鳞，中裂片窄长渐尖，两侧裂片较宽而短。

## 【地理分布】

原产美国太平洋沿岸，中国庐山、北京等地有栽培。

## 【野外生境】

喜光，喜温暖湿润气候及排水良好的酸性土壤，能耐冬春干旱。

## 【价值用途】

树形壮丽而优美，是优良的风景、观赏树种。心材淡红色，边材淡黄色而有树脂，材质坚韧，富有弹力，保存期长，是良好的建筑及器具用材。

## 【资源现状】

三峡植物园20世纪70年代引种，在海拔1200~1600m栽培。18年生，胸径10.5cm、树高6.2m，材积0.0641m³；25年生，胸径17.7cm、树高10.8m，材积0.1363m³，可正常开花结果。

## 【濒危原因】

在我国分布较少，仅中国庐山、北京等地有栽培。

## 【保护措施】

扩大种群数量，在适种区推广种植。

## 【繁殖技术】

播种繁殖、扦插繁殖。

# 黄 杉

| | |
|---|---|
| 拉 丁 名：*Pseudotsuga sinensis* Dode | 英文名称：Douglas fir |
| 科　　属：松科（Pinaceae）黄杉属（*Pseudotsuga*） | 保护级别：国家二级保护植物 |

主要别名：短片花旗松、红岩杉、华帝杉、华东黄杉、罗汉松、杉松、西昌黄杉、杉木、天枞、天松、天纵

## 【形态特征】

常绿乔木。树皮裂成不规则块状。小枝淡黄色、绿色、或灰色，主枝通常无毛，侧枝被灰褐色短毛。叶条形短柄，长 1.5~3cm，宽约 2mm，先端凹缺，上面中脉凹陷，下面中脉隆起，有两条白色气孔带。球果下垂，卵圆形或椭圆状卵圆形，长 4.5~8cm，熟时褐色；中部种鳞蚌壳状、扇状、斜方状圆形，长约 2.5cm，宽约 3cm，基部两侧有凹缺，鳞背密生短毛，苞鳞长而外露，先端三裂，反曲，中裂片长渐尖。种子密生褐色短毛，长约 9mm，种翅较种子长。

## 【地理分布】

在湖北零星分布于来凤、宣恩、咸丰、鹤峰、恩施、利川、建始、五峰、神农架、竹溪、竹山等地，在云南、四川、陕西、湖南及贵州的亚热带山地也有分布。

## 【野外生境】

生长于 800~2500m 的山地林中，具有较强的生态适应性。

## 【价值用途】

我国特有种，对研究松科植物区系及黄杉属分类、分布有较高学术意义。优良用材树种，可做为造林树种。

## 【资源现状】

由于黄杉纯林多被采伐，正逐渐演变为疏林，使其在群落中失去优势地位。三峡植物园 2015 年收集 10 株，保存 2 株，可正常生长，但还未见开花结果。

## 【濒危原因】

黄杉树质优良，被砍伐严重。分布区日益缩减，亟待保护。

## 【保护措施】

严禁乱砍滥伐，保护好现有的林木，管护好母树；开展保种育苗，扩大种植范围。

## 【繁殖技术】

种子繁殖。

# 铁 杉

拉 丁 名：*Tsuga chinensis* (Franch.) Pritz.　　　英文名称：Hemlock

科　　属：松科（Pinaceae）铁杉属（*Tsuga*）　　保护级别：国家三级保护植物

主要别名：华铁杉、仙柏、刺柏、枣松、南方铁杉

## 【形态特征】

常绿乔木，通常树高25~30m，胸径40~80cm。树皮片状剥落，褐灰色，大枝平展，枝梢下垂。树冠塔形，直立高大，树干下部之大枝通常不脱落。侧枝展开，线型的叶在枝上螺旋状排列，基部扭转排成二列，条形，先端钝圆，有凹缺，全缘。叶面绿色有光，叶背淡绿，有2条气孔带。铁杉于每年的4~5月开花，10月间球果成熟。

## 【地理分布】

多产于云南东南部马关、麻栗坡，生于针阔叶混交林中。在浙江昌化、安徽黄山、福建武夷山、江西武功山、湖南莽山、广东乳源、广西兴安、贵州中部都有分布。

## 【野外生境】

性喜多雨、多雾、相对湿度大、气候凉润、酸性土壤及排水良好的山区环境。深根性，抗风能力强。

## 【价值用途】

我国中亚热带地区特有的第三纪孑遗树种，具有一定的经济及科研价值。其材质坚实，耐水湿，适于作建筑、家具等；此外，树干可割树脂，树皮可提栲胶，种子可榨油；亦具有极高园林观赏价值。

## 【资源现状】

三峡植物园收集保存的铁杉生长状况良好。

## 【濒危原因】

野生资源分布零星，原生境破坏严重，个体稀少，天然更新缓慢。

## 【保护措施】

已在福建武夷山、浙江凤阳山、九龙山、湖南莽山及广西猫儿山等产地建立自然保护区。在其它分布地区，建议当地林业部门采取措施，保护母树，促进更新，并进行繁殖栽培。

## 【繁殖技术】

种子繁殖，扦插繁殖。

# 丽江铁杉

拉 丁 名：*Tsuga forrestii* Downie      英文名称：Tsuga forrestii

科      属：松科（Pinaceae）铁杉属（*Tsuga*）      保护级别：国家三级保护植物

主要别名：棕枝栲

## 【形态特征】

常绿乔木。树皮粗糙，灰褐色，深纵裂。叶线形，两列，全缘或上部有细锯齿，先端钝，有凹缺，长1~2.5cm，上面光绿色，下面有两条灰白色或粉白色气孔带。球花单性，雌雄同株；雄球花单生叶腋，雌球花单生侧枝顶端。球果锥状卵圆形或长卵圆形，长2~4cm，直径1.5~3cm，种鳞靠近上部边缘处微加厚，常有微隆起的弧状脊，背面露出部分无毛，扁圆方形、方圆形或长方圆形，长1.2~1.5cm，苞鳞倒卵状斜方形，先端2裂。种子连翅长9~12mm。花期4月，球果10月成熟。

## 【地理分布】

分布于云南西北部（丽江、中甸），四川西南部（木里、九龙、德昌）。模式标本采自云南丽江。

## 【野外生境】

多生于海拔2000~3000m山谷之中。

## 【价值用途】

我国特有种。木材结构细致，材质坚重，不翘裂，耐水湿，为优良用材，是滇西北、川西南亚高山地区优良的造林树种。

## 【资源现状】

零散分布于云南西北部和四川西南部局部地区，三峡植物园现保存2株，树高年生长量达0.5m以上。

## 【濒危原因】

分布地区多为采伐林区，虽非主要采伐树种，但因皆伐作业，也常被砍伐，或择伐之后因林地条件恶化，严重影响了丽江铁杉的正常生长。

## 【保护措施】

云南丽江玉龙雪山已划为自然保护区，列为重点保护对象，其他产区应将生长集中的林分划为母树林，严加保护，积极种植。昆明植物园已于1974年引种，三峡植物园现已引种驯化。

## 【繁殖技术】

种子繁殖。

# 水 杉

# 杉 科

拉 丁 名：*Metasequoia glyptostroboides* Hu et Cheng

英文名称：metasequoia glyptostroboides

科　　属：杉科（Taxodiaceae）水杉属（*Metasequoia*）

保护级别：国家一级保护植物

主要别名：梳子杉

## 【形态特征】

落叶大乔木。树皮灰色或灰褐色，浅裂成狭长条脱落，内皮淡紫褐色。叶扁平条形，淡绿色，表面中脉凹，背面隆起，每边 4~8 条气孔线，交互对生成两列，羽状，冬季与侧生无芽的小枝一起脱落。球花单性，雌雄同株，单生叶腋；雄球花单生于枝顶和侧方，排成总状或圆锥状花序，有很短的柄，雄蕊 20，交互对生，各有 3 个花药；雌球花单生于去年生枝顶或近枝顶，有短柄，珠鳞 22~28，交互对生。球果下垂，近四棱圆球形或短圆柱形，有长柄，长 1.8~2.5cm，熟时深褐色；种子倒卵形，扁平，周围有窄翅。花期 2 月下旬，果实 11 月成熟。

## 【地理分布】

分布于湖北、重庆、湖南三省交界的利川、石柱、龙山三县的局部地区，现各地栽培。

## 【野外生境】

生长于海拔 750~1500m 的山谷或山麓。

## 【价值用途】

水杉素有"活化石"之称，对于古植物、古气候、古地理以及裸子植物系统发育的研究均有重要的意义。水杉亦是优良的用材树种，绿化树种和抗污染树种，是工矿区绿化的优良树种。

## 【资源现状】

全国许多地区都已引种，尤以东南各省和华中各地栽培最多。三峡植物园 20 世纪 70 年代营建水杉纯林，已开花、结果，林中偶见幼树。

## 【濒危原因】

天然更新弱。

## 【保护措施】

在湖北利川设立水杉种子站，建立种子园，加强对母树的管理，对 5000 多株林木进行逐株建档，采取了砌石岸、补树洞、开排水沟、防治病虫害等保护措施，并加速育苗和造林。

## 【繁殖技术】

种子繁殖，扦插繁殖。

# 秃 杉

拉 丁 名：*Taiwania flousiana* Gaussen

英文名称：Taiwania flousiana

科　　属：杉科（Taxodiaceae）台湾杉属（*Taiwania*）

保护级别：国家二级保护植物

主要别名：土杉

## 【形态特征】

常绿乔木。树皮淡灰褐色，裂成不规则的长条片，内皮红褐色；树冠圆锥形。叶二型，螺旋状排列，基部下延；大树的叶鳞状钻形，长 3.5~6mm，下方平直或微弯，背腹面均有气孔线；幼树或萌生枝的叶钻形，长 6~14mm，稍向上弯曲，先端锐尖，四边均有气孔线 3~6 条。球花单性，雌雄同株；雄球花簇生枝顶，雄蕊 19~36 枚，有 2~3 花药，药隔椭圆形；雌球花单生枝顶，直立，每一珠鳞具 2 胚珠，无苞鳞。球果椭圆形或短圆柱形，直立，长 1~2cm；珠鳞通常 30 左右。种子矩圆状卵形，扁平，两侧具窄翅。球果 10~11 月成熟。

## 【地理分布】

零星分布于湖北南部的利川、毛坎，残存于中国云南西部怒江流域的贡山、澜沧江流域的兰坪，台湾中央山脉、阿里山、玉山及太平山，贵州东南部的雷公山，缅甸北部亦有少量残存。

## 【野外生境】

适宜生长在山地黄壤。

## 【价值用途】

第三纪古热带植物区孑遗植物，对研究古地理、古气候、古植物区系都具有重要科学价值。优良珍贵用材树种、庭园绿化树种，是主要造林树种。

## 【资源现状】

三峡植物园 2002、2014、2018 年，分 3 批次引种保存 100 余株，在丘陵岗地不同生境生长良好，3 年生树高最大年生长量可达 0.8m。

## 【繁殖技术】

播种繁殖，扦插繁殖。

# 福建柏

## 柏 科

拉 丁 名：*Fokienia hodginsii* (Dunn) Henry et Thomas
科　　属：柏科（Cupressaceae）福建柏属（*Fokienia*）
主要别名：建柏、滇柏、广柏、滇福建柏

英文名称：Fokienia hodginsii
保护级别：国家二级保护植物

### 【形态特征】

乔木。鳞叶2对交叉对生，成节状，生于幼树或萌芽枝上的中央之叶呈楔状倒披针形，通常长4~7mm，宽1~1.2mm，上面之叶蓝绿色，下面之叶中脉隆起，两侧具凹陷的白色气孔带，侧面之叶对折，近长椭圆形，多少斜展，较中央之叶为长，通常长5~10mm，宽2~3mm，背有棱脊，先端渐尖或微急尖，背侧面具1凹陷的白色气孔带。雄球花近球形，长约4mm。球果近球形，熟时褐色，径2~2.5cm；种鳞顶部多角形，表面皱缩稍凹陷，种子顶端尖，具3~4棱，具两个大小不等的翅。花期3~4月，种子翌年10~11月成熟。

### 【地理分布】

分布于浙江南部、福建、广东北部、江西、湖南南部、贵州、广西、四川及云南东南部及中部地区。

### 【野外生境】

生于海拔1500m以下温暖湿润的山林中。

### 【价值用途】

树形美观、树干通直，是优质用材树种。生长快，材质好，可选作造林树种。

### 【资源现状】

福建柏分布范围狭窄，野生资源数量稀少，且常生长于常绿阔叶林内，在自然状态下，易被常绿阔叶树所取代。三峡植物园20世纪70年代首次引进，生长势良好，可正常开花结果。

### 【濒危原因】

人为砍伐破坏严重。天然林面积缩小，散生数量不多，更新能力弱。

### 【保护措施】

在分布较为集中的湖南都庞岭，贵州习水县良村三岔望仙台和天堂沟等地建立福建柏自然保护区，严禁砍伐破坏。将大树作为采种母树，加以重点保护，开展采种育苗，大力营造人工林。

### 【繁殖技术】

播种繁殖。

# 崖 柏

拉 丁 名：*Thuja sutchuenensis* Franch.　　　　英文名称：Thuja sutchuenensis

科　　属：柏科（Cupressaceae）崖柏属（*Thuja*）　　保护级别：国家一级保护植物

主要别名：太行崖柏

## 【形态特征】

　　灌木或乔木；枝条密，开展，生鳞叶的小枝扁。叶鳞形，生于小枝中央之叶斜方状倒卵形，有隆起的纵脊，有的纵脊有条形凹槽，长 1.5~3mm，宽 1.2~1.5mm，先端钝，下方无腺点，侧面之叶船形，宽披针形，较中央之叶稍短，宽 0.8~1mm，先端钝，尖头内弯，两面均为绿色，无白粉。雄球花近椭圆形，长约 2.5mm，雄蕊约 8 对，交叉对生，药隔宽卵形，先端钝。幼小球果长约 5.5mm，椭圆形，种鳞 8 片，交叉对生，最外面的种鳞倒卵状椭圆形，顶部下方有一鳞状尖头。未见成熟球果。

## 【地理分布】

　　在重庆城口有天然分布。

## 【野外生境】

　　生长于海拔 1400m 左右土层浅薄、岩石中。

## 【价值用途】

　　具有很高的艺术价值、收藏价值、药用价值和科研价值。

## 【资源现状】

　　现仅在重庆城口县悬崖上保存一定量的崖柏及枯死遗枝。三峡植物园引进保存 50 余株，长势良好。

## 【濒危原因】

　　因人为乱砍滥伐，导致天然崖柏林数量极少，尤其是生长在悬崖峭壁上的崖柏更为稀少。

## 【保护措施】

　　重点保护现仅存的天然林木，进行扦插繁殖扩大种苗数量，积极开展原地或异地回归技术研究及推广。

## 【繁殖技术】

播种繁殖，扦插繁殖。

# 短穗竹

拉 丁 名：*Brachystachyum densiflorum*（Rendle）Keng　　　英文名称：Brachystachyum densiflorum

科　　属：禾本科（Gramineae）短穗竹属（*Brachystachyum*）　　保护级别：国家三级保护植物

## 【形态特征】

竿散生，幼竿被白色细毛，老竿无毛；节间圆筒形，无沟槽，或在分枝一侧的节间下部有沟槽，长7~18.5cm，在箨环下方具白粉，以后变为黑垢，竿壁厚约3mm，髓作横片状；竿环隆起；节内长1.5~2mm。竿每节通常分3枝，上举，彼此长短近相等。末级小枝具（1）2~5叶；叶鞘长2.5~4.5cm，草黄色，质坚硬，鞘口具数条长约3mm的直硬继毛；叶舌截形，高1~1.5mm；叶片长卵状披针形，长5~18cm，宽10~20mm，先端短渐尖，基部圆形或圆楔形，上表面绿色，无毛，下表面灰绿色，有微毛；次脉6或7对，有明显的小横脉，叶缘之一边小锯齿较密，而一边则锯齿较稀疏，通常微反卷；叶柄长2~3.5mm。假小穗2~8枚，紧密排列于通常缩短的花枝上，小穗长1.5~3.5cm，含5~7小花；鳞被3~4，罕见4，其中1枚稍小，呈倒卵形或匙形，长3.5~4.5mm，下面具脉纹数条，背部被较密的细毛，边缘具较粗纤毛；花药成熟时可长达7mm；花柱较长；柱头3，羽毛状。笋期5~6月，花期3~5月。

## 【地理分布】

主要分布于江苏南部、浙江北部、安徽南部等地的低山丘陵或平原地区。

## 【野外生境】

生长于低海拔的平原和向阳山坡路边。

## 【价值用途】

笋味略苦，竿可劈篾编织家庭用具或制浆造纸。

## 【资源现状】

我国特有的单种属植物，对研究竹类分类系统有一定科学意义。三峡植物园引种栽培5蔸（丛），冬季温度下降到0℃以下，根系吸收水分的能力减低，叶片顶端易受冻害。

## 【濒危原因】

自身繁殖更新较慢。

## 【保护措施】

加强野生短穗竹竹林管护。广东、江西、湖北等地已引种栽培。

## 【繁殖技术】

长鞭分株繁殖。

# 金钱蒲

## 天南星科

拉 丁 名：*Acorus gramineus* Soland.

英文名称：Acorus gramineus

科　　属：天南星科（Araceae）菖蒲属（*Acorus*）

保护级别：国家二级保护植物

主要别名：钱蒲、菖蒲、石菖蒲

### 【形态特征】

多年生草本。根茎较短，长 5~10cm，横走或斜伸，芳香，外皮淡黄色，节间长 1~5mm；根肉质，须根密集。根茎上部多分枝，呈丛生状。叶基对折，两侧膜质叶鞘棕色，下部宽 2~3mm，上延至叶片中部以下，渐狭，脱落。叶基生，片质地较厚，线形，绿色，长 20~30cm，极狭，宽不足 6mm，先端长渐尖，无中肋，平行脉多数。花序柄长 2.5~9（15）cm；叶状佛焰苞短，长 3~9（14）cm，为肉穗花序长的 1~2 倍，稀比肉穗花序短，宽 1~2mm；肉穗花序黄绿色，圆柱形，长 3~9.5cm，粗 3~5mm；花两性；花被片 6；雄蕊 6。果序粗达 1cm，浆果黄绿色。花期 5~6 月，果期 7~8 月。

### 【地理分布】

分布在湖北、江苏、浙江、江西、湖南、广东、广西、陕西、甘肃、四川、贵州、云南等地。

### 【野外生境】

生长于海拔 1800m 以下水旁湿地及石上。

### 【价值用途】

根茎入药，味辛，性温。化湿开胃，开窍豁痰，醒神益智。主治腕痞不饥，噤口下痢，神昏癫痫，健忘耳聋。也可以用作园林树下观赏植物。

### 【资源现状】

三峡植物园收集栽植近 10m²，长势良好、能开花。

### 【濒危原因】

喜生长在阴湿环境。野生资源遭人为采挖严重，且生境逐渐受人为破坏。

### 【保护措施】

严格保护野生资源，禁止无序采挖，扩大人工栽培规模。

### 【繁殖技术】

分蔸繁殖。

# 七叶一枝花

# 百合科

拉 丁 名：*Paris polyphylla*

科　　属：百合科（Liliaceae）重楼属（*Paris*）

主要别名：蚤休

英文名称：Paris polyphylla

保护级别：国家二级保护植物

## 【形态特征】

多年生草本。根状茎粗厚，棕褐色，密生多数环节和许多须根。茎通常紫红色，基部有灰白色干膜质的鞘 1~3 枚。叶 5~10 枚，矩圆形、椭圆形或倒卵状披针形，长 7~15cm，宽 2.5~5cm，先端短尖或渐尖，基部圆形或宽楔形；叶柄明显，长 2~6cm，带紫红色。顶生一花，花两性；花梗单一；外轮花被片绿色，4~6 枚，狭卵状披针形，长 4.5~7cm；内轮花被片狭条形，常比外轮长；雄蕊 8~12 枚，花药短，与花丝近等长或稍长，药隔突出部分长 0.5~2mm；子房近球形，具棱，顶端具一盘状花柱基，花柱粗短，具 5 分枝。蒴果紫色，直径 1.5~2.5cm，3~6 瓣裂开；种子多数，具鲜红色多浆汁的外种皮。花期 4~7 月，果期 8~11 月。

## 【地理分布】

在湖北分布于恩施、宜昌、十堰、襄阳、黄冈、咸宁、神农架林区，在陕西、山西、甘肃、河南、西藏、江西、广西等地也有分布。

## 【野外生境】

适宜在有机质、腐殖质含量较高的砂土和壤土种植，尤以河边、箐边和山的阴坡种植为宜。

## 【价值用途】

为著名道地中药材，有清热解毒、消肿止痛、息风定惊、平喘止咳等药用功效。

## 【资源现状】

野生资源分布范围和可采资源数量锐减，三峡植物园收集保存部分种源，已开展苗木快速繁育体系及活体保存技术研究。

## 【濒危原因】

植株生长缓慢，其根状茎是多种中成药和新药的主要原料，每年的需求量远远超出了人工种植产量，导致野生资源遭人为采挖严重，日趋枯竭。

## 【保护措施】

将其列入自然保护区及国有林场保护物种清单，保护野生资源及其遗传多样性；开展野生七叶一枝花及其变种资源的引种驯化、林下人工高效栽培研究及应用。

## 【繁殖技术】

种子繁殖，块茎繁殖。

# 盾叶薯蓣

## 薯蓣科

拉 丁 名： *Dioscorea zingiberensis* C. H. Wright      英文名称：Dioscorea zingiberensis

科 　 属：薯蓣科（Dioscoreaceae）薯蓣属（*Dioscorea*）     保护级别：国家二级保护植物

主要别名：黄姜、火头根

## 【形态特征】

多年生草质缠绕藤本。根状茎横生，指状或不规则分叉。茎在分枝或叶柄的基部有时具短刺。单叶互生，盾形，上面常有不规则块状的黄白色斑纹，下面微带白粉，形状变化较大，三角状卵形或长卵形，边缘浅波状，有时成窄膜质状，基部心形，或近于截形。花雌雄异株或同株；雄花序穗状，单生，或 2~3 花序簇生于叶腋，有时花序延长或分枝，花常 2~3 朵簇生，常仅 1~2 朵发育，花被紫红色；雌花序与雄花序几相似，雌花具花丝状退化雄蕊。蒴果干燥后蓝黑色，表面常附有白色粉状物。种子成熟时栗褐色，四周围有薄膜状的翅。花期 5~8 月，果期 9~10 月。

## 【地理分布】

在湖北主要分布于西北部的武当山区，在陕西、湖北、河南三省交界地带（伏牛山脉区），四川、云南西北部、湖南部分地区也有分布。

## 【野外生境】

生于海拔 1000m 以下的山坡和石灰岩干热河谷地区的稀灌丛或竹林中。

## 【价值用途】

解毒消肿的优质药用植物。

## 【资源现状】

三峡植物园内有天然野生分布。

## 【濒危原因】

野生资源遭人为过度采挖。

## 【保护措施】

打击控制野生资源乱挖滥采行为，选择适生区域开展基地化药用栽培。

## 【繁殖技术】

种子繁殖，根茎繁殖。

# 藓叶卷瓣兰

# 兰 科

拉 丁 名：*Bulbophyllum retusiusculum* Rchb. f.

英文名称：Bulbophyllum retusiusculum

科　　属：兰科（Orchidaceae）石豆兰属（*Bulbophyllum*）

保护级别：国家二级保护植物

主要别名：黄萼卷瓣兰

## 【形态特征】

多年生附生草本。根状茎纤细，粗约 2mm。假鳞茎卵圆形，粗 5~13mm，具 1 叶。叶革质，矩圆形，长 1.5~7cm，宽 6~20mm，顶端微凹，具短柄。花莛纤细，等长或长于叶，被 3~4 枚紧贴的鞘；伞形花序具多数花；花苞片狭披针形，连子房，顶端渐尖；花两性，棕红色；花苞片狭披针形，舟状，长 3~6mm；中萼片矩圆状卵圆形，顶端钝且常微凹，边缘略具睫毛；侧萼片狭披针形，4~5 倍长于中萼片，内侧除基部和顶端外黏合，顶端急尖；花瓣近矩圆形，长约 4mm，顶端截形，边缘略具睫毛；唇瓣肉质，中部弯曲，基部具槽，顶端近急尖，无毛。蕊柱齿钻状。蒴果。花期 9~12 月。

## 【地理分布】

在湖北省鹤峰、利川有分布，在甘肃南部、台湾、海南、湖南南部、四川中部、云南东南部和西北部、西藏东南部和南部亦有分布。

## 【野外生境】

生于海拔 500~2800m 的山地，附生于树上或岩石上。

## 【价值用途】

兰科石豆兰属重要的药用植物，对保存种质和研究其演化有科学价值，亦具有较高的园艺观赏价值。

## 【资源现状】

在湖北省内天然分布数量稀少。三峡植物园收集保存种苗长势良好，能正常开花。

## 【濒危原因】

种子自然繁殖率极低。

## 【保护措施】

采取就地保护、迁地保护和近地保护等手段扩大种群数量；探索人工繁育技术，适时开展回归试验研究，全面恢复和扩大野生种群。

## 【繁殖技术】

分株繁殖，播种繁殖。

# 尖角卷瓣兰

拉 丁 名：*Bulbophyllum forrestii* Seidenf.　　英文名称：Bulbophyllum forrestii

科　　属：兰科（Orchidaceae）石豆兰属（*Bulbophyllum*）　　保护级别：国家二级保护植物

## 【形态特征】

根状茎匍匐。假鳞茎在根状茎上，卵形，中部粗，顶生 1 枚叶，基部被膜质鞘。叶厚革质，长圆形，先端钝稍凹入，基部收窄为柄。花莛从假鳞茎基部抽出，黄绿色密布紫色小斑点，直立，纤细；总状花序缩短呈伞形；花序柄疏生 3~4 枚膜质筒状鞘；花苞片狭披针形；花梗连同子房黄色，比花苞片长；花杏黄色；中萼片卵形，先端稍钝，全缘；侧萼片披针形，先端渐尖，基部贴生在蕊柱足上，上方扭转而两侧萼片的上下侧边缘分别黏合，背面有小疣状凸起；花瓣卵状三角形，先端锐尖，边缘具不整齐的细齿；唇瓣披针形，黄色带紫红色斑点，长约 5mm，从中部向外下弯，中部以上强烈收狭，先端钝，基部与蕊柱足末端连接而形成活动关节，两侧边缘下弯具小疣状凸起；蕊柱足弯曲；蕊柱齿短钻状；药帽前端近截形，边缘具不整齐缺刻。花期 5~6 月。

## 【地理分布】

产云南南部至西北部。分布于缅甸、泰国。模式标本采自云南西北部。

## 【野外生境】

生于海拔 1800~2000m 的山地林中树干上。

## 【价值用途】

重要药用植物，具有较高的园艺观赏价值。

## 【资源现状】

在湖北省内没有天然分布。三峡植物园收集保存种苗生长良好，可正常开花。

## 【濒危原因】

天然分布范围较狭窄，种子自然繁殖率低。

## 【保护措施】

采取就地保护、迁地保护和近地保护等手段扩大种群数量；探索人工繁育技术，适时开展回归试验研究，全面恢复和扩大野生种群。

## 【繁殖技术】

分株繁殖，播种繁殖。

# 虾脊兰

拉 丁 名：*Calanthe discolor* Lindl.　　　　英文名称：Calanthe discolor

科　　属：兰科（Orchidaceae）虾脊兰属（*Calanthe*）　　保护级别：国家二级保护植物

主要别名：海老根、地虾脊兰

## 【形态特征】

多年生陆生草本。叶近基生，常3枚，倒卵状矩圆形，长20cm左右，宽4~6cm，先端急尖或锐尖，基部收狭为柄，背面密被短毛。花莛从初生叶丛中抽出，长30~50cm；总状花序；花序轴和子房被短柔毛；花苞片膜质，披针形，比花梗短；花两性，花被片6，长1.3cm，紫红色；萼片卵状披针形，顶端锐尖或细尖；花瓣比萼片小，倒卵状匙形或倒卵状披针形；唇瓣与萼片等长，玫瑰色或白色，3深裂，侧裂

片斧形，稍向内弯，全缘，中裂片卵状楔形，顶端2浅裂，前部边缘具少量齿，上表面具3条褶片；距纤细，长6~10mm，顶端弯曲；合蕊柱短。蒴果。花期4~5月。

## 【地理分布】

在湖北分布于秭归、兴山、长阳、五峰、鹤峰、神农架、房县、崇阳、蒲圻等地，在安徽、福建北部、广东、贵州南部、湖南、江苏、江西和浙江，以及日本和朝鲜半岛亦有分布。

## 【野外生境】

生于海拔400~1500m的山坡林下阴湿处。

## 【价值用途】

虾脊兰属重要的药用植物，对种质保存和研究其演化有科学价值。因其花色多样，有较强观赏性。

## 【资源现状】

三峡植物园内有野生分布，初步调查现存100多兜（丛），资源保存较好，种群可自行更新；野生植株9~12月移栽成活率高，移栽第二年能正常开花；夏季需侧方遮阳（忌强阳光直射）通风。

## 【濒危原因】

种子自然繁殖率低。

## 【保护措施】

采取就地保护、迁地保护和近地保护等手段扩大种群数量；探索人工繁育技术，适时开展回归试验研究，全面恢复和扩大野生种群；开展栽培生物学、生态学研究，探索园林应用的途径及措施。

## 【繁殖技术】

种子繁殖，块茎繁殖。

# 长距虾脊兰

拉 丁 名：*Calanthe sylvatica* (Thou.) Lindl.　　英文名称：Calanthe sylvatica

科　　属：兰科（Orchidaceae）虾脊兰属（*Calanthe*）　　保护级别：国家二级保护植物

主要别名：长距根节兰

## 【形态特征】

假鳞茎狭圆锥形，具 3~6 枚叶。叶椭圆形至倒卵形，先端急尖或渐尖，全缘，背面密被短柔毛。花莛直立，粗壮，具 2 枚筒状鞘；总状花序，具苞片状叶；花苞片宿存，披针形，密被短柔毛；子房稍呈棒状，密被短毛；花淡紫色，唇瓣常橘黄色；中萼片椭圆形，具5~7 条脉，背面疏被短柔毛；侧萼片长圆形；花瓣倒卵形或宽长圆形，先端稍钝或近锐尖，具 5 条脉；唇瓣基部与整个蕊柱翅合生 3 裂；侧裂片镰状披针形，先端稍钝；中裂片扇形或肾形，先端凹缺或浅 2 裂，裂口中央略有凸尖，前端边缘全缘或具缺刻，基部具短爪；唇盘基部具 3 列不等长的黄色鸡冠状的小瘤；距圆筒状，伸直或稍弧曲，末端钝，外面疏被短毛；蕊柱上端扩大，近无毛；蕊喙 2 裂；裂片斜卵状三角形，先端锐尖；药帽前端稍收狭截形；药床宽大；花粉团狭倒卵球形；黏盘小，近长圆形。花期 4~9 月。

## 【地理分布】

产湖北神农架、台湾、湖南、广东、香港、广西北部和东南部、云南东南部至南部、西藏东南部。

## 【野外生境】

生于海拔 800~2000m 的山坡林下或山谷河边等阴湿处。

## 【价值用途】

虾脊兰属重要的药用植物，对种质保存和研究其演化有科学价值，也可作为园林观赏植物。

## 【资源现状】

现存野生资源极少。三峡植物园收集保存种苗生长状况良好，可正常开花。

## 【濒危原因】

天然分布范围较狭窄，种子自然繁殖率低。

## 【保护措施】

采取就地保护、迁地保护和近地保护等手段扩大种群数量；探索人工繁育技术，适时开展回归试验研究，全面恢复和扩大野生种群。

## 【繁殖技术】

块茎繁殖、分蔸繁殖。

# 银带虾脊兰

拉 丁 名：*Calanthe argenteo-striata* C. Z. Tang et S. J. Cheng      英文名称：Calanthe argenteo-striata

科　　属：兰科（Orchidaceae）虾脊兰属（*Calanthe*）      保护级别：国家二级保护植物

## 【形态特征】

植株无明显的根状茎。假鳞茎粗短，近圆锥形，具2~3枚鞘和3~7枚在花期展开的叶。叶上面深绿色，带5~6条银灰色的条带，椭圆形或卵状披针形，先端急尖，基部收狭为柄。花莛从叶丛中央抽出，密被短毛，具3~4枚筒状鞘；总状花序具10余朵花；花苞片宽卵形，背面被毛；花梗和子房黄绿色；花张开；花瓣黄绿色；中萼片椭圆形，先端钝并具短芒，具5条脉，背面被短毛；侧萼片宽卵状椭圆形；花瓣近

匙形或倒卵形，比萼片稍小，先端近截形并具短凸，具3条脉，无毛；唇瓣白色，与蕊柱翅合生，比萼片长，基部具3列金黄色的小瘤状物，3裂；侧裂片近斧头状，先端近圆形；中裂片深2裂；小裂片与侧裂片等大；距黄绿色，细圆筒形，向末端变狭，外面疏被短毛；蕊柱白色；蕊喙2裂，轭形；药帽白色、前端收狭，先端喙状；花粉团狭倒卵球形或狭棒状，具短柄，黏盘近方形。花期4~5月。

## 【地理分布】

产广东北部、广西西南部、贵州西南部和云南东南部。

## 【野外生境】

生于海拔500~1200m山坡林下的岩石空隙或覆土的石灰岩上面。

## 【价值用途】

重要药用植物，对保存种质和研究其演化有科学价值，也可作为园林观赏植物。

## 【资源现状】

在三峡植物园露地栽培，夏季采取遮阳措施，高温35℃以上时采取降温措施，生长状况良好，可正常开花结果。

## 【濒危原因】

天然分布范围较狭窄，种子自然繁殖率低。

## 【保护措施】

采取就地保护、迁地保护和近地保护等手段扩大种群数量；探索人工繁育技术，适时开展回归试验研究，全面恢复和扩大野生种群。

## 【繁殖技术】

分株繁殖。

# 金 兰

拉 丁 名：*Cephalanthera falcata* (Thunb. ex A. Murray) Bl.　　英文名称：Cephalanthera falcata
科　　属：兰科（Orchidaceae）头蕊兰属（*Cephalanthera*）　　保护级别：国家二级保护植物
主要别名：蝴蝶草

## 【形态特征】

多年生陆生草本。具粗短的根状茎。茎直立，基部具 3~5 枚鞘。叶互生，4~7 枚，椭圆形、椭圆状披针形至卵状披针形，渐尖或急尖，基部收狭抱茎。总状花序常有 5~10 朵花，花苞片很小，短于子房；花两性，黄色，直立，不张开或稍微张开；萼片菱状椭圆形，长 13~15mm，钝或急尖；具 5 脉；花瓣与萼片相似，但较短；唇瓣长 8~9mm，基部具囊，唇瓣的前部近扁圆形，上部不裂或浅 3 裂，上面具 5~7 条纵褶片，近顶端处密生乳突；唇瓣的后部凹陷，内无褶片；侧裂片三角形，或多或少抱蕊柱；囊明显伸出侧萼片之外，顶端钝；子房条形，无毛。蒴果狭椭圆状。花期 4~5 月，果期 8~9 月。

## 【地理分布】

在宜昌五峰后河、兴山有分布，湖北巴东、利川、神农架、钟祥等地也有分布，另外在江苏、安徽、浙江、江西、湖南、广东北部、广西北部、四川和贵州等地有零星存在，以及日本和朝鲜半岛有分布。

## 【野外生境】

生于海拔 500~1800m 的林下、灌丛中、草地上或沟谷旁。

## 【价值用途】

具有观赏及药用价值。

## 【资源现状】

天然分布零散。三峡植物园收集保存种苗长势良好，可正常开花。

## 【濒危原因】

种子自然繁殖率低。人为破坏严重，各分布区的现存量较少。

## 【保护措施】

保护野生生境，促使种群恢复，开展迁地保护研究。

## 【繁殖技术】

假球茎分株繁殖。

# 独花兰

拉 丁 名：*Changnienia amoena* S. S. Chien

英文名称：Changnienia amoena

科　　属：兰科（Orchidaceae）独花兰属（*Changnienia*）

保护级别：国家二级保护植物

主要别名：长年兰

## 【形态特征】

假鳞茎近椭圆形或宽卵球形，长 1.5~2.5cm，宽 1~2cm，肉质，有 2 节，被膜质鞘。叶 1 枚，宽卵状椭圆形，长 6.5~11.5cm，宽 5~8.2cm，先端短渐尖，基部近圆形，背面紫红色；叶柄长 3.5~8cm。花莛长 10~17cm，紫色，具 2 枚鞘，下部抱茎；花梗和子房长 7~9mm；花大，白色带肉红色，唇瓣有紫红色斑点；萼片与花瓣离生；3 枚萼片相似；花瓣较萼片宽而短；唇瓣较大，3 裂；蕊柱近直立，两侧有翅。蒴果。花期 4 月。

## 【地理分布】

在湖北零星分布于长阳、远安、当阳、来凤、恩施、鹤峰、宣恩、利川、建始、十堰、竹溪、应山、蒲圻、崇阳等地，在陕西南部、江苏、安徽、浙江、江西、湖南和四川等地有分布。

## 【野外生境】

生于海拔 400~1800m 疏林下腐殖质丰富的土壤上或沿山谷荫蔽的地方。

## 【价值用途】

我国特有的单种属植物，是研究兰科植物系统发育的重要材料，也是优良的野生花卉和珍贵药用植物。

## 【资源现状】

本种在宜昌各分布区现存量极少。2014 年三峡植物园引进 30 株，用腐殖土地栽生长良好，夏季需遮阳（忌强光直射）。

## 【濒危原因】

野生生境遭人为破坏，野生资源被过度采挖入药，且种子自然繁殖率低。

## 【保护措施】

选择适宜的生境建立原地或迁地保护小区；开展繁育体系、人工栽培选育体系等野生转家养驯化研究及应用。

## 【繁殖技术】

种子繁殖、分株繁殖。

# 杏黄兜兰

拉 丁 名：*Paphiopedilum armeniacum*
英文名称：Paphiopedilum armeniacum

科　　属：兰科（Orchidaceae）兜兰属（*Paphiopedilum*）
保护级别：国家一级保护植物

主要别名：拖鞋兰

## 【形态特征】

地生或半附生植物，具根状茎。叶基生，二列，5~7枚；叶片长圆形，坚革质，先端急尖或细尖，上有深浅绿色相间的网格斑，背面有密集的紫色斑点并具龙骨状突起，边缘有细齿，基部收狭成叶柄状并对折而套叠。花莛直立，淡紫红色与绿色相间，被褐色短毛，顶端生 1 花；花苞片卵状披针形，淡绿黄色并有紫红色斑点，稍被毛；花梗和子房长 3.5~4cm，被白色短柔毛；子房有 6 条钝的纵棱；花大，纯黄色，退化雄蕊上有浅栗色纵纹；中萼片卵形，先端近急尖，背面近顶端与基部具长柔毛，边缘具缘毛；合萼片与中萼片相似，背面有 2 条钝的龙骨状突起，边缘具缘毛；唇瓣深囊状，近椭圆状球形或宽椭圆形，长4~5cm，宽 3.5~4cm，基部具短爪，囊底有白色长柔毛和紫色斑点；退化雄蕊宽卵形或卵圆形，先端急尖，背面具钝的龙骨状突起。花期 2~4 月。

## 【地理分布】

本种在湖北省无分布，产云南西北部（丽江、中甸）怒江流域、云南福贡和泸水等县、西藏南部（亚东、吉隆），尼泊尔、不丹、锡金和印度东北部也有分布。

## 【野外生境】

生于海拔 1400~2100m 的石灰岩壁积土处或多石而排水良好的草坡上。

## 【价值用途】

观赏价值高，有"兰花大熊猫"之称。

## 【资源现状】

云南怒江设有保护样地，深圳开展迁地保护研究。2014 年三峡植物园引种 30 株腐殖土地栽，夏季遮阳（忌强阳光直射）通风，冬季搭设兰棚（不耐 0℃以下低温及北风），生长良好，可正常开花。

## 【濒危原因】

野生分布范围狭窄，原生种群小且单株数量少，野生种质资源遭人为过度采挖，生境遭受破坏，种群数量急剧减少，野生种质资源到了灭绝的边缘。

## 【保护措施】

设立保护样地，实行封闭式保护，消除人为活动的负面影响；采取原地保护、迁地保护－繁育－回归原产地相结合的手段扩大种群数量；开展保育生态学、生物学、栽培学研究，建立人工栽培基地。

## 【繁殖技术】

播种繁殖。

# 硬叶兜兰

拉 丁 名：*Paphiopedilum micranthum*
科　　属：兰科（Orchidaceae）兜兰属（*Paphiopedilum*）
主要别名：花叶子

英文名称：Paphiopedilum micranthum
保护级别：国家二级保护植物

## 【形态特征】

地生或半附生植物，具根状茎；具少数稍肉质而被毛的纤维根。叶基生，二列，4~5枚；长圆形或舌状，坚革质，先端钝，上面有深浅绿色相间的网格斑，背面有密集的紫斑点并具龙骨状突起，基部收狭成叶柄状并对折而彼此套叠。花莛直立，长10~26cm，紫红色而有深色斑点，被长柔毛，顶端具1花；花苞片卵形或宽卵形，绿色而有紫色斑点，长1~1.4cm，背面疏被长柔毛；花梗和子房长3.5~4.5cm，被长柔毛；花大，艳丽，中萼片与花瓣通常白色而有黄色晕和淡紫红色粗脉纹，唇瓣白色至淡粉红色，退化雄蕊黄色并有淡紫红色斑点和短纹；中萼片和合萼片皆卵形或宽卵形，先端急尖，背面被长柔毛并有龙骨状突起；花瓣宽卵形、宽椭圆形或近圆形，长2.8~3.2cm，宽2.6~3.5cm，先端钝或浑圆，内表面基部具白色长柔毛，背面被短柔毛；唇瓣深囊状，卵状椭圆形至近球形，长4.5~6.5cm，宽4.5~5.5cm，基部具短爪，囊口近圆形，整个边缘内折，囊底有白色长柔毛；退化雄蕊椭圆形，长1~1.5cm，宽7~8mm；2枚能育雄蕊由于退化雄蕊边缘的内卷而清晰可辨，甚为美观。花期3~5月。

## 【地理分布】

产广西西南部、贵州南部和西南部、云南东南部。

## 【野外生境】

生于海拔1000~1700m的石灰岩山坡草丛中或石壁缝隙或积土处。

## 【价值用途】

优良观赏及药用植物。

## 【资源现状】

三峡植物园2014年引种30株腐殖土地（盆）栽，夏季遮阳（忌阳光直射），冬季搭设兰棚（不耐0℃以下低温及北风），长势良好，可安全过冬越夏，正常开花。

## 【濒危原因】

野生资源遭人为过度采挖，原生境被破坏严重。

## 【保护措施】

选择适宜的生境建立原地或迁地保护小区；开展繁育体系、人工栽培选育体系等野生转家养驯化研究及应用。

## 【繁殖技术】

播种繁殖。

# 长瓣兜兰

拉 丁 名：*Paphiopedilum dianthum*

英文名称：Paphiopedilum dianthum

科　　属：兰科（Orchidaceae）兜兰属（*Paphiopedilum*）

保护级别：国家一级保护植物

主要别名：斗省草、红兜兰、双花兜兰

## 【形态特征】

附生植物，较高大。叶基生，二列，2~5枚；叶片宽带形或舌状，厚革质，干后常呈棕红色，长15~30cm，宽3~5cm，先端近浑圆并有裂口或小弯缺，背面中脉呈龙骨状突起，无毛，基部收狭成叶柄状并对折而彼此套叠。花葶近直立，长30~80cm，绿色，无毛或较少略被短柔毛；总状花序具2~4花；花苞片宽卵形，长与宽各约长2cm，先端钝并常有3小齿，近无毛；花梗和子房长达5.5cm，无毛；花大；中萼片与合萼片白色而有绿色的基部和淡黄绿色脉，花瓣淡绿色或淡黄绿色并有深色条纹或褐红色晕，唇瓣绿黄色并有浅栗色晕，退化雄蕊淡绿黄色而有深绿色斑块；中萼片近椭圆形，先端具短尖，边缘向后弯卷，内表面基部具短柔毛，背面中脉呈龙骨状突起；合萼片与中萼片相似，但稍宽而短，背面略有2条龙骨状突起；花瓣下垂，长带形，扭曲，从中部至基部边缘波状，可见数个具毛的黑色疣状突起或长柔毛，有时均不存在；唇瓣倒盔状，基部具宽阔的、长达2cm的柄；囊近椭圆状圆锥形或卵状圆锥形，两侧各有1个直立的耳，两耳前方边缘不内折，囊底有毛；退化雄蕊倒心形或倒卵形，先端有弯缺，上面基部有1个角状突起，沿突起至蕊柱有微柔毛，背面有龙骨状突起，边缘具细缘毛。蒴果近椭圆形，长达4cm，宽约1.5cm。花期7~9月，果期11月。

## 【地理分布】

产广西西南部、贵州西南部和云南东南部。

## 【野外生境】

生于海拔1000~2250m的林缘或疏林中的树干上或岩石上。

## 【价值用途】

观赏价值高。

## 【资源现状】

本种在湖北省分布极少。三峡植物园引种栽培，生长状况良好，能开花。

## 【濒危原因】

天然分布范围极为狭窄，植株结果率及种子自然繁殖率低。

## 【保护措施】

探索建立人工繁育技术体系，适时开展回归技术研究，全面恢复和扩大野生种群；开展栽培生物学、生态学研究，建立人工繁育、栽培基地。

## 【繁殖技术】

种子繁殖，分株繁殖。

# 紫纹兜兰

拉 丁 名：*Paphiopedilum purpuratum*

科　　属：兰科（Orchidaceae）兜兰属（*Paphiopedilum*）

主要别名：香港拖鞋兰、香港兜兰

英文名称：Paphiopedilum purpuratum

保护级别：国家一级保护植物

## 【形态特征】

地生或半附生植物。叶基生，二列，3~8 枚；叶片狭椭圆形或长圆状椭圆形，长 7~18cm，宽 2.3~4.2cm，先端近急尖并有 2~3 个小齿，上面具暗绿色与浅黄绿色相间的网格斑，背面浅绿色，基部收狭成叶柄状并对折而互相套叠，边缘略有缘毛。花莛直立，长 12~23cm，紫色，密被短柔毛，顶端生 1 花；花苞片卵状披针形，围抱子房，背面被柔毛，边缘具长缘毛；花梗和子房长 3~6cm，密被短柔毛；花直径 7~8cm；中萼片白色而有紫色或紫红色粗脉纹，合萼片淡绿色而有深色脉，花瓣紫红色或浅栗色而有深色纵脉纹、绿白色晕和黑色疣点，唇瓣紫褐色或淡栗色，退化雄蕊色泽略浅于唇瓣并有淡黄绿色晕；花瓣近长圆形，长 3.5~5cm，宽 1~1.6cm，先端渐尖，上面仅有疣点而通常无毛，边缘有缘毛；唇瓣倒盔状，基部具宽阔的、长 1.5~1.7cm 的柄；囊近宽长圆状卵形，向末略变狭，囊口两侧各具 1 个直立的耳，两耳前方的边缘不内折，囊底有毛，囊外被小乳突；退化雄蕊肾状半月形或倒心状半月形，先端有明显凹缺，凹缺中有 1~3 个小齿，上面有极微小的乳突状毛。花期 10 月至次年 1 月。

## 【地理分布】

产广东南部、香港、广西南部和云南东南部。

## 【野外生境】

生于海拔 700m 以下的林下腐殖质丰富多石之地或溪谷旁苔藓砾石丛生之地或岩石上。

## 【价值用途】

主要用于观赏。

## 【资源现状】

本种在我省天然分布极少。三峡植物园 2014 年

引种地（盆）栽，夏季遮阳（忌强光直射）通风，冬季搭设兰棚（忌低温、北风），生长状况良好，但未见开花。

## 【濒危原因】

天然分布范围较狭窄，种子自然繁殖率低。

## 【保护措施】

采取就地保护、迁地保护和近地保护等手段扩大种群数量；探索人工繁育技术，适时开展回归试验研究，逐步恢复和扩大野生种群。

## 【繁殖技术】

种子繁殖，分株繁殖。

# 带叶兜兰

拉 丁 名：*Paphiopedilum hirsutissimum*　　　　英文名称：Paphiopedilum hirsutissimum

科　　属：兰科（Orchidaceae）兜兰属（*Paphiopedilum*）　　保护级别：国家二级保护植物

主要别名：柔毛拖鞋兰

## 【形态特征】

地生或半附生植物。叶基生，二列，5~6 枚；叶片带形，革质，长 16~45cm，宽 1.5~3cm，先端急尖并常有 2 小齿，上面深绿色，背面淡绿色并稍有紫色斑点，中脉在背面略呈龙骨状突起，无毛，基部收狭成叶柄状并对折。花葶直立，长 20~30cm，绿色并被深紫色长柔毛，基部有长鞘，顶端生 1 花；花苞片宽卵形，长 8~15mm，宽 8~11mm，先端钝；花梗和子房长 4~5cm，具 6 纵棱，棱上密被长柔毛；花较大，中萼片和合萼片除边缘淡绿黄色外，中央至基部有浓密的紫褐色斑点或甚至连成一片，花瓣下半部黄绿色而有浓密的紫褐色斑点，上半部玫瑰紫色并有白色晕，唇瓣淡绿黄色而有紫褐色小斑点，退化雄蕊与唇瓣色泽相似，有 2 个白色"眼斑"；花瓣匙形或狭长圆状匙形，长 5~7.5cm，宽 2~2.5cm，先端常近截形或微凹；唇瓣倒盔状，基部具宽阔的、长约 1.5cm 的柄；囊椭圆状圆锥形或近狭椭圆形，长 2.5~3.5cm，宽 2~2.5cm，囊口极宽阔，两侧各有 1 个直立的耳，两耳前方边缘不内折，囊底有毛；退化雄蕊近正方形，长与宽各 8~10mm，顶端近截形或有极不明显的 3 裂，基部有钝耳，上面中央和基部两侧各有 1 枚突起物，中央 1 枚较大，背面有龙骨状突起。花期 4~5 月。

## 【地理分布】

产中国广西西部至北部（龙州、天峨）、贵州西南部（兴义等）和云南东南部（富宁、文山、麻栗坡），印度东北部、越南、老挝和泰国也有分布。

## 【野外生境】

生于海拔 700~1500m 的林下或林缘岩石缝中或多石湿润土壤上。

## 【价值用途】

观赏价值高。

## 【资源现状】

本种在我省天然分布极少。三峡植物园 2014 年收集保存的种苗可以正常开花，长势良好。

## 【濒危原因】

天然分布范围较狭窄，种子自然繁殖率低。

## 【保护措施】

采取就地保护、迁地保护和近地保护等手段扩大种群数量；探索人工繁育技术，适时开展回归试验研究，全面恢复和扩大野生种群。

## 【繁殖技术】

种子繁殖，分株繁殖。

# 短茎萼脊兰

拉 丁 名：*Sedirea subparishii* (Z. H. Tsi) Christenson
科　　属：兰科（Orchidaceae）萼脊兰属（*Sedirea*）

英文名称：Sedirea subparishii
保护级别：渐危物种

## 【形态特征】

茎长 1~2cm，具扁平、长而弯曲的根。叶近基生，长圆形或倒卵状披针形，长 5.5~19cm，宽 1.5~3.4cm，先端钝且不等侧 2 浅裂，基部具关节和抱茎的鞘，具多数平行细脉，但仅中脉明显。总状花序长达 10cm，疏生数朵花；花苞片卵形，长 6~9mm，先端稍钝，花梗和子房长约 2.5cm；花具香气，稍肉质，开展，黄绿色带淡褐色斑点；中萼片近长圆形，先端细尖而下弯，具 5~6 条脉，在背面中肋翅状；侧萼片相似于中萼片而较狭，具 5~6 条脉，在背面中肋翅状；花瓣近椭圆形，长 15~18mm，宽约 6mm，先端锐尖，具 5~6 条脉；唇瓣 3 裂，基部与蕊柱足末端结合而形成关节；侧裂片直立，半圆形，边缘稍具细齿；中裂片肉质，狭长圆形，长 6mm，宽约 1.2mm，在背面近先端处喙状突起，基部（在距口处）具 1 个两侧压扁的圆锥形胼胝体，上面从基部至先端具 1 条纵向的高褶片；距角状，长约 1cm，向前弯曲，向末端渐狭；蕊柱长约 1cm；蕊柱翅向蕊柱顶端延伸为蕊柱齿；蕊喙伸长，下弯，2 裂；裂片长条形，长约 4mm；药帽前端收窄；花期 5 月。

## 【地理分布】

在湖北西南部（咸丰）、浙江、福建（武夷山）、湖南、广东北部、贵州东北部、四川东北部、重庆有分布。

## 【野外生境】

生于海拔 300~1100m 的山坡林中树干上。

## 【价值用途】

具有观赏园艺和药用价值。

## 【资源现状】

三峡植物园 2014 年收集保存种苗长势良好，可以正常开花结果。

## 【濒危原因】

天然分布范围较狭窄，种子自然繁殖率低。

## 【保护措施】

采取就地保护、迁地保护和近地保护等手段扩大种群数量；探索人工繁育技术，适时开展回归试验研究，全面恢复和扩大野生种群。

## 【繁殖技术】

种子繁殖，分株繁殖。

# 杜鹃兰

拉 丁 名：*Cremastra appendiculata* (D. Don) Makino     英文名称：Cremastra appendiculata

科　　属：兰科（Orchidaceae）杜鹃兰属（*Cremastra*）    保护级别：国家二级保护植物

主要别名：毛慈菇

## 【形态特征】

多年生陆生草本。假鳞茎聚生，近球形，粗1~3cm，顶生1叶，很少具2叶。叶片椭圆形，长达45cm，宽4~8cm，顶端急尖，基部收窄为柄。花葶侧生于假鳞茎顶端，直立，粗壮，通常高出叶外，疏生2枚筒状鞘；总状花序疏生多数花；花偏向一侧，两性，紫红色；花苞片狭披针形等长于或短于花梗（连子房）；花被片6，2轮，成筒状，顶端略开展；萼片与花瓣近相等，倒披针形，长3.5cm左右，中上部宽约4mm，顶端急尖；唇瓣近匙形，与萼片近等长，基部浅囊状，两侧边缘略向上反折，前端扩大，并为3裂，侧裂片狭小，中裂片矩圆形，基部具1个紧贴或多或少分离的附属物；合蕊柱纤细，略短于萼片。蒴果近椭圆形，下垂。花期5~6月，果期9~12月。

## 【地理分布】

在湖北宜昌、兴山、秭归、五峰、巴东等地有分布，山西南部、陕西南部、甘肃南部、江苏、安徽、浙江、江西、台湾、河南、湖南、广东北部、四川、贵州、云南西南部至东南部和西藏有分布。

## 【野外生境】

生于海拔500~2900m的林下湿地或沟边湿地。

## 【价值用途】

具有观赏园艺及药用价值。

## 【资源现状】

三峡植物园2014年收集保存种苗当年长势良好，能正常开花，第二年保存率低。五峰采花、湾潭有人工种植。

## 【濒危原因】

野生资源遭人为乱采乱挖严重，自然生境遭到破坏，种子自然繁殖率低。

## 【保护措施】

采取就地保护、迁地保护和近地保护等手段扩大种群数量；探索开花习性及人工繁育技术，适时开展回归试验研究，全面恢复和扩大野生种群。

## 【繁殖技术】

种子繁殖，分株繁殖。

# 建 兰

拉 丁 名：*Cymbidium ensifolium* (L.) Sw.

科　　属：兰科（Orchidaceae）兰属（*Cymbidium*）

英文名称：Cymbidium ensifolium

主要别名：四季兰、雄兰、骏河兰、剑蕙

## 【形态特征】

多年生陆生草本。叶 2~6 枚丛生，带形，较柔软，弯曲而下垂，长 30~50（80）cm，宽 1~1.7cm，薄革质，略有光泽，边缘有不甚明显的钝齿。花莲生于假鳞茎基部，直立，较叶为短，高 20~35cm，通常有 4~7 朵花，最多达 13 朵花；花苞片在花序轴中上部者长不及 1cm，最下 1 枚长达 1.5cm；花两性，浅黄绿色，有清香气；萼片 3，狭矩圆状披针形，长 3cm 左右，宽 5~7mm，浅绿色顶端较绿，基部较淡，具 5 条较深色的脉；花瓣 3，较短，互相靠拢，色浅而有紫色斑纹；唇瓣不明显 3 裂，侧裂片浅黄褐色，唇盘中央具 2 条半月形褶片，褶片白色，中裂片反卷，浅黄色带紫红色斑点；蕊柱较长，稍向前弯曲，两侧具狭翅。蒴果狭椭圆形。花期 6~10 月。

## 【地理分布】

产安徽、浙江、江西、福建、台湾、湖南、广东、海南、广西、四川西南部、重庆、贵州和云南，广泛分布于东南亚和南亚各国，北至日本。

## 【野外生境】

生于海拔 600~1800m 的疏林下、灌丛中、山谷旁或草丛中。

## 【价值用途】

园艺观赏价值高，全草可入药，滋阴润肺，止咳化痰，活血，止痛。

## 【资源现状】

20 世纪 80 年代末鄂西地区野生资源遭乱挖滥采，分布范围和植株数量急剧减少，种群恢复极度缓慢。三峡植物园内有野生分布，2014 年引种 350 兜露地栽培，生长及开花良好。

## 【濒危原因】

野生资源遭人为采挖严重，种子自然繁殖率低。

## 【保护措施】

禁止商业化采集野生植株；建立异地种质资源收集保存库；开展繁殖体系、人工选育栽培体系研究，建立商品种植基地。

## 【繁殖技术】

种子繁殖，分株繁殖。

# 蕙兰

拉 丁 名：*Cymbidium faberi* Rolfe
英文名称：Cymbidium faberi
科　　属：兰科（Orchidaceae）兰属（*Cymbidium*）
保护级别：国家一级保护植物
主要别名：九子兰、九节兰

【形态特征】

多年生陆生草本。叶 7~9 枚丛生，直立性强，长 25~80（120）cm，宽约 1cm，中下部常对褶，基部关节不明显，边缘有细锯齿，具明显透明的脉。花莛直立，高 30~80cm，绿白色或紫褐色，被数枚长鞘；总状花序具 6~12 朵或更多的花；花苞片常比子房（连花梗）短，最下面 1 枚较长，长达 3cm；花两性，浅黄绿色；萼片 3，近相等，狭披针形，长 3~4cm，宽 6~8mm，顶端锐尖；花瓣 3，略小于萼片；唇瓣不明显 3 裂，短于萼片，侧裂片直立，有紫色斑点，中裂片椭圆形，上面具透明乳突状毛，边缘具缘毛，有白色带紫红色斑点，唇盘上 2 条纵褶片从基部上方延伸至中裂片基部；蕊柱长 1.2~1.6cm，稍向前弯曲，有狭翅。蒴果近狭椭圆形。花期 3~5 月。

【地理分布】

湖北宜昌、兴山、秭归、五峰、当阳、巴东、鹤峰、神农架、房县、十堰、丹江口、竹溪、谷城、襄阳、随州、枣阳、钟祥、应山、云梦、麻城、京山、荆门、罗田等地均有分布，另在陕西南部、甘肃南部、安徽、浙江、江西、福建、台湾、河南南部、湖南、广东、广西、四川、重庆、贵州、云南和西藏东部，以及尼泊尔、印度北部也有分布。

【野外生境】

生于海拔 700~3000m 的林下湿润但排水良好的透光处。

【价值用途】

广为栽培，供观赏，药用。

【资源现状】

20 世纪 80 年代末鄂西地区野生资源遭乱挖滥采，分布范围和植株数量急剧减少，种群恢复极度缓

慢。三峡植物园内有野生分布，2014 年引种 200 蔸露地栽培，生长及开花良好。

【濒危原因】

野生资源遭人为采挖严重，种子自然繁殖率低。

【保护措施】

禁止商业化采集野生植株；建立异地种质资源收集保存库；开展繁殖体系、人工选育栽培体系研究，建立商品种植基地。

【繁殖技术】

种子繁殖，分株繁殖。

# 春 兰

拉 丁 名：*Cymbidium goeringii* (Rchb. f.) Rchb. f.　　英文名称：Cymbidium goeringii

科　　属：兰科（Orchidaceae）兰属（*Cymbidium*）　　主要别名：草兰、山兰、朵朵香

## 【形态特征】

多年生陆生草本。假鳞茎集生成丛。叶
4~6 枚丛生，狭带形，长 20~40（60）cm，宽
6~11mm，顶端渐尖，边缘具细锯齿。花莛直立，远
比叶短，被 4~5 枚长鞘；花苞片长而宽；花单生，少
为 2 朵，直径 4~5cm，两性，浅黄绿色，有清香气；
萼片 3，近相等，狭矩圆形，长 3.5cm 左右，通常宽
6~8mm，顶端急尖，中脉基部具紫褐色条纹；花瓣
3，卵状披针形，比萼片略短；唇瓣不明显 3 裂，比
花瓣短，浅黄色带紫褐色斑点，顶端反卷，唇盘中
央从基部至中部具 2 条褶片；蕊柱长 1.2~1.8cm，两
侧有较宽的翅。蒴果狭椭圆形。花期 1~3 月。

## 【地理分布】

湖北宜昌、兴山、枝城、远安、五峰、秭归、巴
东、鹤峰、英山、罗田、利川、建始荆门、京山都有
分布，另外在我国陕西南部、甘肃南部、江苏、安徽、浙
江、江西、福建、台湾、河南南部、重庆、湖南、广
东、广西、四川、贵州、云南等地有分布。

## 【野外生境】

生于海拔 350~1500m 的山坡林下或溪边。

## 【价值用途】

广为栽培，供观赏。

## 【资源现状】

20 世纪 80 年代末鄂西地区野生资源遭乱挖滥
采，分布范围和植株数量急剧减少，种群恢复极度缓
慢。三峡植物园内有野生分布，2014 年引种 100 苑露
地栽培，生长及开花良好。

## 【濒危原因】

野生资源遭人为采挖破坏严重，自然生境遭到
破坏。

## 【保护措施】

禁止商业化采集野生植株；建立异地种质资源收
集保存库；开展繁殖体系、人工选育栽培体系研究，建
立商品种植基地。

## 【繁殖技术】

种子繁殖，分株繁殖。

# 兔耳兰

拉丁名：*Cymbidium lancifolium* Hook.

科　　属：兰科（Orchidaceae）兰属（*Cymbidium*）

主要别名：宽叶兰草

英文名称：Cymbidium lancifolium

保护级别：国家一级保护植物

## 【形态特征】

多年生陆生或附生草本。假鳞茎近矩圆形，外被数枚鞘。叶2~4枚，簇生，具长柄；革质，椭圆状倒披针形，长7~20cm，宽3~4cm，顶端渐尖，上部边缘具细齿。花葶常直立，高10~30cm，具3~8朵花；花苞片长约1cm，比子房连花梗短；花两性，白色带紫色，稍有香气；萼片3，狭倒披针形，长2.5~3.5cm，宽约5mm；花瓣3，斜卵状矩圆形，比萼片短而宽，合抱于蕊柱上方，顶端向上卷；唇瓣白色，基部绿色，不明显3裂，侧裂片近直立，有紫红色斑纹，中裂片反卷，顶端圆形，唇盘上面具2条近于平行的褶片；合蕊柱乳白色，长约1.5cm，两侧有狭翅。蒴果狭椭圆形。花期5~8月。

## 【地理分布】

湖北巴东、利川、神农架有分布，另在浙江南部、福建、台湾、湖南南部、广东、海南、广西、四川南部、重庆、贵州、云南和西藏东南部有分布。

## 【野外生境】

生于海拔300~2200m的疏林下、竹林下、林缘、阔叶林下或溪谷旁的岩石上或附生于树上。

## 【价值用途】

全草可药用，补肝肺，祛风除湿，强筋骨，清热解毒，消肿。具有较高的园艺观赏价值。

## 【资源现状】

野生资源减少，三峡植物园2014年收集保存种苗长势良好，开花正常。

## 【濒危原因】

自然生境遭到破坏，分布范围日益缩小；野生资源被过度采挖；种子的种胚发育不完全，萌发率低。

## 【保护措施】

禁止商业化采集野生植株；建立异地种质资源收集保存库；开展繁殖体系、人工选育栽培体系研究，建立商品种植基地。

## 【繁殖技术】

种子繁殖，分株繁殖。

# 绿花杓兰

拉丁名：*Cypripedium henryi* Rolfe
英文名称：Cypripedium henryi

科　　属：兰科（Orchidaceae）杓兰属（*Cypripedium*）
保护级别：国家二级保护植物

## 【形态特征】

多年生陆生草本。茎被棕色短柔毛，具4~5枚茎生叶，叶椭圆形或卵状披针形，渐尖，边缘具细缘毛，长10~18cm，宽6~8cm。总状花序具2~3花朵，每花有1枚叶状苞片，花苞片卵形披针形；花绿黄色，两性，直径约7cm；花被片6，2轮；中萼片卵状披针形，长3.5~4.5cm，宽约1.5cm，具尾状渐尖；合萼片近似中萼片，常较短，顶端2裂；花瓣条状披针形，几与萼片等长，背面中脉具毛；唇瓣长约6cm，为花瓣长的2/3，绿黄色而多少具紫色条纹，囊内基部具长柔毛；蕊柱短，圆柱形，常下弯，退化雄蕊近圆形，长约7mm，急尖，基部收狭成长2~3mm的柄，下面具龙骨状突起；子房条形，密被白色短柔毛。蒴果近椭圆形或狭椭圆形。花期4~5月，果期7~9月。

## 【地理分布】

湖北宜昌、兴山、咸丰、巴东、鹤峰、利川、神农架、竹溪、南漳、保康、谷城等地有分布，另在山西南部（沁县）、甘肃南部（武都）、陕西南部（洋县）、四川、重庆、贵州和云南西北部有分布。

## 【野外生境】

生于海拔800~2300m的林下或林缘。

## 【价值用途】

药用价值显著，根及根状茎可理气行血，消肿止痛。用于胃寒腹痛，腰腿疼痛，疝气痛，跌打损伤。全草入药可活血、祛瘀、行水。园艺观赏价值高。

## 【资源现状】

宜昌地区野生资源保存良好，三峡植物园引种保存种苗生长良好，可正常开花。

## 【濒危原因】

自然生境遭到破坏，分布范围日益缩小；种子自

然萌发率低。

## 【保护措施】

建立异地种质资源收集保存库；开展繁殖体系、人工选育栽培体系研究，建立商品种植基地。

## 【繁殖技术】

种子繁殖，分株繁殖。

# 细叶石斛

拉 丁 名：*Dendrobium hancockii* Rolfe　　　　英文名称：Dendrobium hancockii

科　　属：兰科（Orchidaceae）石斛属（*Dendrobium*）　　保护级别：珍稀

主要别名：竹叶石斛

## 【形态特征】

多年生附生草本。直立，表面具深槽，上部多分枝。叶通常 3~6 枚互生于主茎和分枝的顶端，条形，长 3~10cm，宽 3~6mm，顶端 2 圆裂。总状花序具 1~2 朵花；总花梗长 5~10mm；花苞片膜质，卵形，长约 3mm，顶端急尖；花两性，黄色；萼片 3，矩圆形，长（1）1.8~2.4cm，宽（3.5）5~8mm，顶端钝；萼囊长约 4mm；花瓣 3，近矩圆形，与萼片等长而略较宽，顶端钝；唇瓣 3 裂，比萼片短，宽 7~18mm，中裂片比侧裂片小，近肾形，上表面密被柔毛，侧裂片半圆形；蕊柱长约 5mm，基部稍扩大，具 6mm 的长蕊柱足。蒴果。花期 5~6 月。

## 【地理分布】

在湖北分布于宜昌、兴山、当阳、利川、房县、保康、神农架、郧县、郧西等地，湖南东南部、广西西北部、四川、重庆、贵州、云南、陕西、甘肃南部、河南等地有分布。

## 【野外生境】

生于海拔 700~1300m 的山坡，附生于林下、石上。

## 【价值用途】

茎药用，有养阴除热、生津止渴之效。园艺观赏性极佳。

## 【资源现状】

在三峡植物园迁地保护，生长状况良好，可正常开花。

## 【濒危原因】

现有分布区较为狭窄，过度采挖野生资源导致种

群数量小；种子自然繁殖率低。

## 【保护措施】

加大人工繁育研究，通过组织培养技术繁育种苗，扩大种植区域。

## 【繁殖技术】

分株繁殖，扦插繁殖，组织繁殖。

# 霍山石斛

拉 丁 名：*Dendrobium huoshanense* C. Z. Tang et S. J. Cheng    英文名称：Dendrobium huoshanense

科　　属：兰科（Orchidaceae）石斛属（*Dendrobium*）    保护级别：国家一级保护植物

主要别名：米斛、龙头凤尾草、皇帝草

## 【形态特征】

多年生附生草本。茎直立，肉质，淡黄绿色，长3~9cm，粗3~18mm，具3~7节。叶革质，2~3枚互生于茎的上部，舌状长圆形，长9~21cm，宽5~7mm，先端钝并且微凹，基部具抱茎的鞘；叶鞘膜质，宿存。总状花序1~3个，从老茎上部发出，具1~2朵花；花序柄长2~3mm，基部被1~2枚鞘；花苞片浅白色带栗色；花梗长2~2.7cm；花淡黄绿色，中萼片卵状披针形，侧萼片镰状披针形，萼囊近矩形，花瓣卵状长圆形，唇瓣近菱形，长和宽约相等；蕊柱具长7mm的蕊柱足；蕊柱足基部黄色，密生长白毛，两侧偶然具齿突；药帽近半球形，长1.5mm，顶端微凹。蒴果。花期5月。

## 【地理分布】

在湖北零星分布于宜昌、秭归、兴山、英山、罗田和黄梅等地。

## 【野外生境】

附生于海拔250~1200m的山地林中树干上或悬崖石壁岩石上。

## 【价值用途】

霍山石斛为名贵中草药，具益胃生津、滋阴清热等功效，可提高人体免疫力，药用食用价值高，亦具有极佳的观赏价值。

## 【资源现状】

三峡植物园2014年引种栽培种苗生长良好，已初步建立组织培养繁殖体系和活体保存种质库。

## 【濒危原因】

天然分布范围狭窄，人为无限制采摘，导致野生种群数量越来越少，种子自然繁殖率低。

## 【保护措施】

建立活体保存库，开展仿野生商业化栽培，开展回归技术研究及应用。

## 【繁殖技术】

种子繁殖，分株繁殖，组织繁殖。

# 石 斛

拉 丁 名：*Dendrobium nobile* Lindl.　　　　英文名称：Dendrobium nobile
科　　属：兰科（Orchidaceae）石斛属（*Dendrobium*）　　主要别名：金钗石斛、吊兰花

## 【形态特征】

多年生附生草本。茎丛生，直立，上部多少回折状，稍扁，长 10~60cm，粗达 1.3cm，具槽纹，节略粗，基部收窄。叶互生，近革质，矩圆形，长 8~11cm，宽 1~3cm，顶端 2 圆裂。花期有叶或无叶；总状花序具 1~4 朵花；总花梗长 1cm 左右，基部被鞘状苞片；花苞片膜质，长 6~13cm；花大，直径达 8cm，点垂，白色，两性，带淡紫色顶端；萼片 3，矩圆形，顶端略钝；萼囊短、钝，长约 5mm；花瓣 3，椭圆形，与萼片等大，顶端钝；唇瓣宽卵状矩圆形，比萼片略短，宽达 2.8cm，具短爪，两面被毛，唇盘上面具 1 个紫斑；蕊柱绿色，基部稍扩大，具绿色的蕊柱足，药帽紫红色，圆锥形，密被细乳突；子房淡紫色，长 3~6mm。蒴果。花期 4~5 月。

## 【地理分布】

在湖北南部（宜昌、兴山、五峰、神农架）、浙江、台湾、安徽、香港、海南、广西西部至东北部、四川南部、重庆、贵州西南部至北部、云南东南部至西北部、西藏东南部有分布。

## 【野外生境】

生于海拔 600~1200m 的山地，附生于树上或岩石上。

## 【价值用途】

茎药用，有养阴除热、生津止渴之效。

## 【资源现状】

本种在宜昌周边野生资源很少，三峡植物园收集保存的种苗长势良好，可正常开花。

## 【濒危原因】

天然分布范围较狭窄，种子自然繁殖率低。

## 【保护措施】

加强人工繁育研究，加强自然保护区和分布区内野生资源的保护工作。

## 【繁殖技术】

种子繁殖，分株繁殖，组织繁殖。

# 铁皮石斛

拉 丁 名：*Dendrobium officinale Kimura et Migo*　　英文名称：Dendrobium officinale

科　　属：兰科（Orchidaceae）石斛属（Dendrobium）　　保护级别：国家一级保护植物

主要别名：黑节草

## 【形态特征】

　　茎直立，圆柱形，长 9~35cm，粗 2~4mm，不分枝，具多节，节间长 1.3~1.7cm，常在中部以上互生 3~5 枚叶；叶二列，纸质，长圆状披针形，长 3~4（7）cm，宽 9~11（15）mm，先端钝并且多少钩转，基部下延为抱茎的鞘，边缘和中肋常带淡紫色；叶鞘常具紫斑，老时其上缘与茎松离而张开，与节留下环状间隙。总状花序，具 2~3 朵花；花序柄长 5~10mm，基部具 2~3 枚短鞘；花序轴回折状弯曲，长 2~4cm；花苞片干膜质，浅白色，卵形，长 5~7mm，先端稍钝；花梗和子房长 2~2.5cm；萼片和花瓣黄绿色，近相似，长圆状披针形，长约 1.8cm，宽 4~5mm，先端锐尖，具 5 条脉；侧萼片基部较宽阔，宽约 1cm；萼囊圆锥形，长约 5mm，末端圆形；唇瓣白色，基部具 1 个绿色或黄色的胼胝体，卵状披针形，比萼片稍短，中部反折，先端急尖，不裂或不明显 3 裂，中部以下两侧具紫红色条纹，边缘多少波状；唇盘密布细乳突状的毛，并且在中部以上具 1 个紫红色斑块；蕊柱黄绿色，长约 3mm，先端两侧各具 1 个紫点；蕊柱足黄绿色带紫红色条纹，疏生毛；药帽白色，长卵状三角形，长约 2.3mm，顶端近锐尖并且 2 裂。花期 3~6 月。

## 【地理分布】

　　产安徽西南部、浙江东部、福建西部、广西西北部、四川、云南东南部。

## 【野外生境】

　　生于海拔达 1600m 的山地半阴湿的岩石上。

## 【价值用途】

　　药用，益胃生津，滋阴清热。常用作养生仙草。

## 【资源现状】

　　三峡植物园 2015 年已开展组培繁育研究，建立了活体保存库。收集保存的种苗生长状况良好。

## 【濒危原因】

　　分布区较为狭窄，种子自然繁殖率低。

## 【保护措施】

　　加强人工繁育研究，加强自然保护区和分布区内野生资源的保护工作。

## 【繁殖技术】

　　分株繁殖，种子繁殖，组织繁殖。

# 高斑叶兰

拉 丁 名：*Goodyera procera* (Ker-Gawl.) Hook.　　　主要别名：Goodyera procera

科　　属：兰科（Orchidaceae）斑叶兰属（*Goodyera*）　　保护级别：国家二级保护植物

## 【形态特征】

　　根状茎短而粗。茎直立，无毛，具 6~8 枚叶。叶片长圆形或狭椭圆形，长 7~15cm，宽 2~5.5cm，上面绿色，背面淡绿色，先端渐尖，基部渐狭，具柄；叶柄基部扩大成抱茎的鞘。花茎长 12~50cm，具 5~7 枚鞘状苞片；总状花序具多数密生的小花，似穗状，长 10~15cm，花序轴被毛；花苞片卵状披针形，先端渐尖，无毛，长 5~7mm；子房圆柱形，被毛，连花梗长 3~5mm；花小，白色带淡绿，芳香，不偏向一侧；萼片具 1 脉，先端急尖，无毛，中萼片卵形或椭圆形，凹陷，与花瓣黏合呈兜状；侧萼片偏斜的卵形；花瓣匙形，白色，先端稍钝，具 1 脉，无毛；唇瓣宽卵形，厚，基部凹陷，囊状，内面有腺毛，前端反卷，唇盘上具 2 枚胼胝体；蕊柱短而宽，长 2mm；花药宽卵状三角形；花粉团长约 1.3mm；蕊喙直立，2 裂；柱头 1 个，横椭圆形。花期 4~5 月。

## 【地理分布】

　　产安徽、浙江、福建、台湾、广东、香港、海南、广西、四川西部至南部、贵州、云南、西藏东南部。

## 【野外生境】

　　生于海拔 250~1550m 的林下。

## 【价值用途】

　　全草可药用，园艺观赏价值高。

## 【资源现状】

　　本种在湖北省分布极少。三峡植物园收集保存 20 株地（盆）栽，夏季遮阳（忌强光直射）通风栽培，长势良好，能正常开花。

## 【濒危原因】

　　天然分布范围较狭窄，种子自然繁殖低。

## 【保护措施】

　　加强人工繁育研究，加强自然保护区和分布区内野生资源的保护工作。

## 【繁殖技术】

　　种子繁殖、分株繁殖。

# 天 麻

拉 丁 名：*Gastrodia elata* Bl.　　　　英文名称：Gastrodia elata

科　　属：兰科（Orchidaceae）天麻属（*Gastrodia*）　　保护级别：国家二级保护植物

主要别名：赤箭、独摇芝、离母、合离草、鬼督邮、木浦、明天麻、白龙皮

## 【形态特征】

　　腐生草本。植株高 30~100cm，有时可达 2m；根状茎肥厚，块茎状，椭圆形至近哑铃形，肉质，长 8~12cm，直径 3~5（7）cm，有时更大，具较密的节，节上被许多三角状宽卵形的鞘。茎直立，橙黄色、黄色、灰棕色或蓝绿色，无绿叶，下部被数枚膜质鞘。总状花序长 5~30（50）cm，通常具 30~50 朵花；花苞片长圆状披针形，长 1~1.5cm，膜质；花梗和子房略短于花苞片；花扭转，橙黄、淡黄、蓝绿或黄白色，近直立；萼片和花瓣合生成的花被筒，近斜卵状圆筒形，顶端具 5 枚裂片，但前方亦即两枚侧萼片合生处的裂口深达 5mm，筒的基部向前方凸出；外轮裂片卵状三角形，先端钝；内轮裂片近长圆形，较小；唇瓣长圆状卵圆形，长 6~7mm，宽 3~4mm，3 裂，基部贴生于蕊柱足末端与花被筒内壁上并有一对肉质胼胝体，上部离生，具乳突，边缘有不规则短流苏。蒴果倒卵状椭圆形，花果期 5~7 月。

## 【地理分布】

　　产湖北、吉林、辽宁、内蒙古、河北、山西、陕西、甘肃、江苏、安徽、浙江、江西、台湾、河南、湖南、四川、贵州、云南和西藏。

## 【野外生境】

　　生于海拔 400~3200m 的疏林下，林中空地、林缘、灌丛边缘。

## 【价值用途】

　　名贵中药，其药用价值和食用营养价值都很高。

## 【资源现状】

　　在宜昌属道地药材，野生资源分布范围急剧缩小，采集野生资源主要做杂交亲本使用，人工培育技术成熟。

## 【濒危原因】

　　天然分布范围较狭窄，种子自然繁殖率低。

## 【保护措施】

　　禁止采挖野生资源用于商品销售，提高天麻人工种植菌材利用率和产量。

## 【繁殖技术】

　　种子繁殖、块茎繁殖。

# 白 及

拉 丁 名：*Bletilla striata* (Thunb. ex A. Murray) Rchb. f.　　　英文名称：Bletilla striata
科　　属：兰科（Orchidaceae）白及属（*Bletilla*）　　　保护级别：国家二级保护植物

## 【形态特征】

植株高 18~60cm。假鳞茎扁球形，上面具荸荠似的环带，富黏性。茎粗壮，劲直。叶 4~6 枚，狭长圆形或披针形，长 8~29cm，宽 1.5~4cm，先端渐尖，基部收狭成鞘并抱茎。花序具 3~10 朵花；花序轴部分呈"之"字状；花苞片长圆状披针形，长 2~2.5cm，开花时常凋落；花大，紫红色或粉红色；萼片和花瓣近等长，狭长圆形，长 25~30mm，宽 6~8mm，先端急尖；花瓣较萼片稍宽；唇瓣较萼片和花瓣稍短，倒卵状椭圆形，长 23~28mm，白色带紫红色，具紫色脉；唇盘上面具 5 条纵褶片，从基部伸至中裂片近顶部，仅在中裂片上面为波状；蕊柱长 18~20mm，具狭翅，稍弯曲。花期 4~5 月。

## 【地理分布】

在宜昌各地、巴东有分布，产陕西南部、甘肃东南部、江苏、安徽、浙江、江西、福建、湖南、广东、广西、四川、重庆和贵州。

## 【野外生境】

生于海拔 100~3200m 的常绿阔叶林下、栎树林或针叶林下、路边草丛或岩石缝中。

## 【价值用途】

干燥块茎药用，观赏价值也很高。

## 【资源现状】

三峡植物园收集保存的种质资源生长良好，可正常开花结果，已建立播种、组织培养繁殖苗木技术体系，并开展鄂西地区适生栽培区域选择、配方施肥技术等研究。

## 【濒危原因】

适生生境的变化导致天然分布范围急剧下降，野

生种群个体数量急剧减少，种子自然繁殖需要特殊的生境。

## 【保护措施】

禁止采挖野生资源；建立全分布区种质资源保存库，开展新品种选育及规模化人工培育。

## 【繁殖技术】

种子繁殖、球茎分蘖繁殖。

# 独蒜兰

拉 丁 名：*Pleione bulbocodioides* (Franch.) Rolfe　　英文名称：Pleione bulbocodioides

科　　属：兰科（Orchidaceae）独蒜兰属（*Pleione*）　　保护级别：国家二级保护植物

主要别名：尼泊尔番红花、窗台兰、孔雀兰

## 【形态特征】

半附生草本。假鳞茎卵形至卵锥形，全长1~2.5cm，直径1~2cm，顶端具1枚叶。叶在花期尚幼嫩，长成后狭椭圆状披针形或近倒披针形，纸质，长10~25cm，宽2~5.8cm，先端通常渐尖，基部渐狭成柄；叶柄长2~6.5cm。花葶从无叶的老假鳞茎基部发出，直立，长7~20cm，下半部包藏在3枚膜质的圆筒状鞘内，顶端具1~2花；花苞片线状长圆形，先端钝；花梗和子房长1~2.5cm；花粉红色至淡紫色，唇瓣上有深色斑；中萼片近倒披针形，先端急尖或钝；侧萼片稍斜歪，狭椭圆形或长圆状倒披针形，与中萼片等长，常略宽；花瓣倒披针形，稍斜歪，长3.5~5cm，宽

4~7mm；唇瓣轮廓为倒卵形或宽倒卵形，不明显3裂，上部边缘撕裂状，基部楔形并多贴生于蕊柱上，通常具4~5条褶片；褶片啮蚀状，高可达1~1.5mm，向基部渐狭直至消失；蕊柱长2.7~4cm，多少弧曲，两侧具翅；翅自中部以下甚狭，向上渐宽，在顶端围绕蕊柱，宽达6~7mm，有不规则齿缺。蒴果近长圆形。花期4~6月。

## 【地理分布】

在湖北省的宜昌、兴山、秭归、巴东等地有分布，另外在陕西南部、甘肃南部、安徽、湖南、广东北部、广西北部、四川、重庆、贵州、云南西北部和西藏东南部均有分布。

## 【野外生境】

生于海拔900~3600m的常绿阔叶林下或灌木林缘腐殖质丰富的土壤上或苔藓覆盖的岩石上。

## 【价值用途】

具观赏、药用价值。

## 【资源现状】

三峡植物园收集保存部分种苗，夏季需遮阳（忌强光直射），喷雾补水降温（忌干旱）条件下生长良好，可正常开花。

## 【濒危原因】

天然分布区较狭窄，生境要求特殊，种子自然繁殖率低。

## 【繁殖技术】

种子繁殖，分株繁殖。

# 白柱万代兰

拉丁名：*Vanda brunnea* Rchb. f.
科　　属：兰科（Orchidaceae）万代兰属（*Vanda*）
主要别名：白花万代兰（中国兰花全书）

英文名称：Vanda brunnea
保护级别：国家一级保护植物

## 【形态特征】

附生草本。茎多具节间和披散的叶。叶带状，先端具 2~3 个不整齐的尖齿状缺刻，基部具关节和宿存鞘。花序出自叶腋，1~3 个，不分枝，长 13~25cm，疏生 3~5 朵花；花序柄被 2~3 枚宽短的鞘；花苞片宽卵形，先端钝；花梗连同子房长 7~9cm，白色，多少扭转，具棱；花质地厚，萼片和花瓣多少反折，背面白色,正面黄绿色或黄褐色带紫褐色网格纹,边缘多少波状；萼片近等大，倒卵形，先端近圆形，基部收狭呈爪状；花瓣唇瓣 3 裂；侧裂片白色，直立，圆耳状或半圆形；中裂片除基部白色和基部两侧具 2 条褐红色条纹外，其余黄绿色或浅褐色，提琴形，先端 2 圆裂；距白色，短圆锥形，距口具 1 对白色的圆形胼胝体；蕊柱白色稍带淡紫色晕，粗壮；药帽淡黄白色，基部具深褐色的"V"字形；花粉团直径约 2mm；黏盘扁圆形。花期 3 月。

## 【地理分布】

产云南东南部至西南部。

## 【野外生境】

生于海拔 800~1800m 的疏林中或林缘树干上。

## 【价值用途】

具有较强的抗旱能力，热带地区容易栽培，花期长，花色艳丽,极具观赏价值,可广泛应用于园林绿化。

## 【资源现状】

本种在湖北省没有天然分布。三峡植物园 2014 年引进后露地越冬困难，现存 5 株。

## 【濒危原因】

天然分布范围较狭窄，种子自然繁殖率低。

## 【保护措施】

建立自然保护区保存，部分科研院所和植物园迁地保存。

## 【繁殖技术】

种子繁殖，分株繁殖。

# 胡 桃

胡桃科

拉 丁 名：*Juglans regia*

英文名称：Persian walnut

科　　属：胡桃科（Juglandaceae）胡桃属（*Juglans*）

保护级别：国家二级保护植物

主要别名：羌桃、核桃（通称）

## 【形态特征】

乔木，小枝被盾状着生的腺体，小叶通常 5~9 枚，椭圆状卵形至长椭圆形，顶端钝圆或急尖、短渐尖，侧脉 11~15 对，腋内具簇短柔毛。雄性柔荑花序下垂，雄花的苞片、小苞片及花被片均被腺毛；雄蕊 6~30 枚，花药黄色，无毛。雌性穗状花序通常具 1~3（4）雌花。雌花的总苞被极短腺毛，柱头浅绿色。果序短，具 1~3 果实；果实近于球状，直径 4~6cm，无毛；果核稍具皱曲，有 2 条纵棱，顶端具短尖头；隔膜较薄，内里无空隙；内果皮壁内具不规则的空隙或无空隙而仅具皱曲。花期 5 月，果期 10 月。

## 【地理分布】

在湖北分布于蕲春、英山、罗田、红安、鄂西山区等地。

## 【野外生境】

生于海拔 500~1800m 山坡。

## 【价值用途】

种仁可榨油食用；木材坚实，是很好的硬木材料。

## 【资源现状】

分布范围广，野生资源极少，种质类型多样，优良单株的良种化及商品化栽培进展缓慢。三峡植物园从 20 世纪 70 年代开始，先后 3 次开展鄂西核桃良种选育及无性系繁殖技术公关，并开展乡土核桃优良单株选育试验研究。

## 【濒危原因】

天然分布范围较狭窄，虫害及不合理利用林地资源导致资源数量缩减。

## 【保护措施】

就地保护野生种群，开展良种选育及工程化造林。

## 【繁殖技术】

种子繁殖，嫁接繁殖。

# 青钱柳

拉 丁 名：*Cyclocarya paliurus* (Batal.) Iljinsk.

英文名称：Cylocarya paliurus

科　　属：胡桃科（Juglandaceae）青钱柳属（*Cyclocarya*）

保护级别：近危种

主要别名：摇钱树、麻柳、青钱李、山麻柳、山化树

## 【形态特征】

落叶乔木，高达 10~30m。单数羽状复叶互生，长 15~25cm；小叶 7~9，椭圆形或卵状椭圆形，长 5~14cm，宽 2~6cm，先端钝尖或急尖，边缘有细锯齿。花单性，雌雄同株，排成下垂的柔荑花序；雄柔荑花序长 7~18cm，2~4 条成一束集生在短总梗上，雄花苞片小且不显著，花被片 4 枚，大小相等，雄蕊 24~30 枚；雌柔荑花序单独顶生；雌花苞片与 2 小苞片合生并贴生至子房中部，花被片 4 枚，位于子房上端，花柱短，柱头 2 裂。果序轴长 25~30cm，果翅圆盘形，直径 2.5~6cm，顶端有 4 枚宿存花被片及花柱。花 4~6 月，果 7~11 月。

## 【地理分布】

在湖北分布于来凤、咸丰、鹤峰、恩施、利川、建始、巴东、宣恩、五峰、长阳、兴山、秭归、十堰、房县、神农架、竹溪、郧西、郧县、竹山、保康、通山、罗田等地，在安徽、江苏、浙江、江西、福建、台湾、湖南、四川、重庆、贵州、广西、广东和云南东南部都有分布。

## 【野外生境】

生于海拔 350~2500m 的山地沟谷或山坡湿润的疏林中。

## 【价值用途】

速生园林绿化及工业用材树种，青钱柳茶富含丰富的皂苷、黄酮、多糖等有机营养成分，具有极高的药用价值。

## 【资源现状】

三峡植物园收集保存种苗生长情况良好，宜昌五峰等地人工繁育技术成熟，鄂西海拔 1940m 天然林 99 年生单株，树高 16.4m，胸径 25.2cm，树冠长度 7.9m，树冠投影面积 24.0m$^2$，树干带皮材积 0.4195m$^3$，去皮材积 0.3712m$^3$，单株材积年生长量 0.0083~0.0394m$^3$。采取就地保护措施恢复或扩大野生种群数量及生物多样性。

## 【濒危原因】

种子具有深休眠特性，发育差，自然更新能力弱。

## 【保护措施】

就地保护种群野生资源，人工播种、工程化造林及天然林分抚育辅助更新。

## 【繁殖技术】

种子繁殖。

# 台湾水青冈

## 壳斗科

拉 丁 名：*Fagus hayatae* Palib.ex Hayata

英文名称：Fagus hayatae

科　　属：壳斗科（Fagaceae）水青冈属（*Fagus*）

保护级别：国家二级保护植物

### 【形态特征】

乔木，老枝灰白色。叶棱状卵形，长 3~7cm，宽 2~3.5cm，顶部短尖，基部宽楔形或近圆形，两侧稍不对称，侧脉每边 5~9 条，叶缘有锐齿，侧脉直达齿端，叶背中脉与侧脉交接处有腺点及短丛毛。总花梗被长柔毛，结果时毛较疏少；果梗长 5~20mm，壳斗 3~4 瓣裂，裂瓣长 7~10mm，小苞片细线状，弯钩，长 1~3mm，被微柔毛；坚果与裂瓣等长或稍较长，顶部脊棱有甚狭窄的翅。花期 4~5 月，果期 8~10 月。

### 【地理分布】

零星分布于湖北的兴山、神农架、宣恩、利川等地，在台湾、浙江、四川也有零星分布。

### 【野外生境】

生于海拔 1300~2300m 山地林中。

### 【价值用途】

台湾水青冈对研究海岛和大陆的植物区系有学术意义，是优良用材树种。

### 【资源现状】

在湖北分布较广，三峡植物园收集保存的种质资源生长良好，未开花。

### 【保护措施】

就地保护，采种育苗，并营造人工林，扩大种植。

### 【繁殖技术】

播种繁殖。

# 大叶榉树

## 榆 科

拉 丁 名：*Zelkova schneideriana* Hand.-Mazz

英文名称：Zelkova schneideriana

科　　属：榆科（Ulmaceae）榉属（Zelkova）

保护级别：国家二级保护植物

主要别名：鸡油树、黄栀榆（浙江）、大叶榆（浙江湖州）

### 【形态特征】

乔木；树皮灰褐色至深灰色，呈不规则的片状剥落；当年生枝灰绿色或褐灰色，密生伸展的灰色柔毛；冬芽常 2 个并生，球形或卵状球形。叶厚纸质，大小形状变异很大，卵形至椭圆状披针形，长 3~10cm，宽 1.5~4cm，先端渐尖、尾状渐尖或锐尖，基部稍偏斜，叶面绿，干后深绿至暗褐色，被糙毛，叶背浅绿，干后变淡绿至紫红色，密被柔毛，边缘具圆齿状锯齿，侧脉 8~15 对；叶柄粗短，长 3~7mm，被柔毛。雄花 1~3 朵簇生于叶腋，雌花或两性花常单生于小枝上部叶腋。核果与榉树相似。花期 4 月，果期 9~11 月。

### 【地理分布】

分布于湖北的保康、赤壁、广水、鹤峰、来凤、利川、罗田、红安、神农架、竹山、南漳、谷城、十堰、五峰、兴山、咸丰、宣恩、英山、郧西等地，在陕西南部、甘肃南部、江苏、安徽、浙江、江西、福建、河南南部、湖南、广东、广西、四川东南部、贵州、云南和西藏东南部等地亦有分布。

### 【野外生境】

常生于海拔 200~1100m 的溪间水旁或山坡土层较厚的疏林中，在云南和西藏可达 1800~2800m。

### 【价值用途】

榉树具材质坚硬、花纹美丽等特性，是珍贵用材树种；也是优良的园林绿化树种。可供制人造棉、绳索和造纸原料。

### 【资源现状】

三峡植物园收集的资源保存良好，生长速度快，可正常开花结果。

### 【濒危原因】

人为过度采伐野生资源。

### 【保护措施】

禁止乱砍滥伐，开展人工造林，培育商品林基地。

### 【繁殖技术】

种子繁殖。

# 马蹄香

拉 丁 名：*Saruma henryi* Oliv.　　　　　　英文名称：Saruma henryi

科　　属：马兜铃科（Aristolochiaceae）马蹄香属（*Saruma*）　　保护级别：国家二级保护植物

主要别名：冷水丹、高脚细辛、狗肉香、金钱草、山地豆、老虎耳

## 【形态特征】

多年生直立草本，茎高 50~100cm，被灰棕色短柔毛，根状茎粗壮，直径约 5mm；有多数细长须根。叶心形，长 6~15cm，顶端短渐尖，基部心形，两面和边缘均被柔毛；叶柄长 3~12cm，被毛。花单生，花梗被毛；萼片心形；花瓣黄绿色；雄蕊与花柱近等高。蒴果蓇葖状，长约 9mm，成熟时沿腹缝线开裂。种子三角状倒锥形，长约 3mm，背面有细密横纹。花期 4~7 月。

## 【地理分布】

分布于湖北宜昌、兴山、秭归、房县，江西、河南、陕西、甘肃、四川、重庆及贵州等地也有分布。

## 【野外生境】

生于海拔 600~1600m 山谷林下和沟边草丛中。

## 【价值用途】

根状茎和根入药，治胃寒痛、关节疼痛；鲜叶外用治疮疡。

## 【资源现状】

野生资源已经很少，三峡植物园收集保存少量资源。

## 【濒危原因】

野生资源被采挖严重。

## 【保护措施】

打击控制人为采挖野生资源，加强人工繁育栽培研究。

## 【繁殖技术】

种子繁殖。

# 青城细辛

拉 丁 名：*Asarum splendens* (Maekawa) C. Y. Cheng et C. S. Yang

英文名称：Asarum splendens

科　　属：马兜铃科（Aristolochiaceae）细辛属（*Asarum*）

保护级别：国家二级保护植物

主要别名：花脸细辛、花脸王、翻天印

## 【形态特征】

多年生草本；根状茎横走，节间长约 1.5cm；根稍肉质。叶片卵状心形、长卵形或近戟形，长 6~10cm，宽 5~9cm，先端急尖，基部耳状深裂或近心形，两侧裂片长 3~5cm，宽 2.5~5cm，叶面中脉两旁有白色云斑，脉上和近边缘有短毛，叶背绿色，无毛；叶柄长 6~18cm；芽苞叶长卵形，有睫毛。花紫绿色；花被管浅杯状或半球状，长约 1.4cm，直径约 2cm，喉部稍缢缩，有宽大喉孔，喉孔直径约 1.5cm，膜环不明显，内壁有格状网眼，花被裂片宽卵形，基部有半圆形乳突皱褶区；雄蕊药隔伸出，钝圆形；子房近上位，花柱顶端 Z 裂或稍下凹，柱头卵状，侧生。花期 4~5 月。

## 【地理分布】

产于湖北、四川、贵州及云南东北部。

## 【野外生境】

生于海拔 850~1300m 陡坡草丛或竹林下阴湿地。

## 【价值用途】

全草入药。

## 【资源现状】

三峡植物园 2003 年收集保存 20 株，植株能正常生长、开花、结果、有性繁殖，现形成约千株的小群落。

## 【濒危原因】

人为采挖严重，另外，野生环境下常因郁闭度过高，造成种群退化减少。

## 【保护措施】

保护野生资源，加强人工繁育栽培。

## 【繁殖技术】

种子繁殖。

# 金耳环

拉 丁 名：*Asarum insigne* Diels
科　　属：马兜铃科（Aristolochiaceae）细辛属（*Asarum*）
主要别名：马蹄细辛、一块瓦、小犁头

英文名称：Asarum insigne
保护级别：国家二级保护植物

## 【形态特征】

多年生草本；根状茎粗短，根丛生，稍肉质，有浓烈的麻辣味。叶片长卵形、卵形或三角状卵形，长10~15cm，宽6~11cm，先端急尖或渐尖，基部耳状深裂，两侧裂片长约4cm，宽4~6cm，通常外展，叶面中脉两旁有白色云斑，偶无，具疏生短毛，叶背可见细小颗粒状油点，脉上和叶缘有柔毛；叶柄长10~20cm，有柔毛；芽苞叶窄卵形，先端渐尖，边缘有睫毛。花紫色，直径3.5~5.5cm，花梗长2~9.5cm，常弯曲；花被管钟状，长1.5~2.5cm，直径约1.5cm，中部以上扩展成一环突，然后缢缩，喉孔窄三角形，无膜环，花被裂片宽卵形至肾状卵形，长1.5~2.5cm，宽2~3.5cm，中部至基部有一半圆形垫状斑块，斑块直径约1cm，白色；药隔伸出，锥状或宽舌状，或中央稍下凹；子房下位，外有6棱，花柱6，顶端2裂，裂片长约1mm；柱头侧生。花期3~4月。

## 【地理分布】

产于广东、广西、江西。

## 【野外生境】

生于海拔450~700m林下阴湿地或土石山坡上。

## 【价值用途】

全草具浓烈麻辣味，为"跌打万花油"的主要原料之一。

## 【资源现状】

三峡植物园收集保存少量种苗，可正常开花结果。

## 【濒危原因】

适生生境改变，自然更新繁殖率低。

## 【保护措施】

开展人工种植技术研究。

## 【繁殖技术】

种子繁殖。

# 莼 菜

## 睡莲科

拉丁名：*Brasenia schreberi* J. F. Gmel.　　英文名称：Brasenia schreberi

科　　属：睡莲科（Nymphaeaceae）莼属（*Brasenia*）　　保护级别：国家一级保护植物，极危种

主要别名：水案板、水葵、莼、菁菜、蓴菜、马蹄菜、湖菜

【形态特征】

多年生水生草本。根状茎细瘦，横卧于水底泥中。叶漂浮于水面，椭圆状矩圆形，长 3.5~6cm，宽 5~10cm，盾状着生于叶柄，全缘，两面无毛；叶柄长 25~40cm，有柔毛，叶柄和花梗有黏液。花单生在花梗顶端，两性，直径 1~2cm；花梗长 6~10cm；萼片 3~4，呈花瓣状，条状矩圆形或条状倒卵形，宿存；花瓣 3~4，紫红色，宿存；雄蕊 12~18，花药侧向；子房上位，具 6~18 离生心皮，每心皮有胚珠 2~3 个。坚果革质，不裂，有宿存花柱，具 1~2 枚卵形种子。花期 6 月，果期 7~11 月。

【地理分布】

在湖北仅零星分布于利川、恩施、鹤峰、巴东、鄂州等地，在江苏、浙江、江西、湖南、四川、云南也有分布。

【野外生境】

生于海拔 1500m 以下的池塘湖沼。

【价值用途】

莼菜是珍稀濒危的古老孑遗植物，是研究莲科植物系统发育的重要材料。富含胶质，具有很高的食用价值和药用价值。

【资源现状】

原产区已开展提纯复壮和品种保护工作，三峡植物园收集保存的资源萌发能力弱。

【濒危原因】

水环境改变导致适生区域缩减，生殖隔离等原因导致种性退化。

【保护措施】

西湖莼菜入选浙江省首批农作物种质资源保护名录，建立莼菜种质资源保护区，开展有关研究和保护工作。

【繁殖技术】

播种繁殖，茎株繁殖。

# 领春木

拉 丁 名：*Euptelea pleiospermum* Hook.f.et Thoms.

科　　属：领春木科（Eupteleaceae）领春木属（*Euptelea*）

主要别名：云叶树、正心木、木桃

英文名称：Euptelea pleiospermum

保护级别：国家三级珍稀濒危保护植物

## 【形态特征】

落叶灌木或小乔木；树皮紫黑色或棕灰色；小枝无毛，紫黑色或灰色；芽卵形，鳞片深褐色，光亮。叶纸质，卵形或近圆形，少数椭圆卵形或椭圆披针形。花丛生；花梗长 3~5mm；苞片椭圆形，早落；雄蕊 6~14，长 8~15mm，花药红色，比花丝长，药隔附属物长 0.7~2mm；心皮 6~12，子房歪形，长 2~4mm，柱头面在腹面或远轴，斧形，具微小黏质突起，有 1~3（4）胚珠。翅果长 5~10mm，宽 3~5mm，棕色，子房柄长 7~10mm，果梗长 8~10mm；种子 1~3 枚，卵形，长 1.5~2.5mm，黑色。花期 4~5 月，果期 7~8 月。

## 【地理分布】

在湖北分布于来凤、咸丰、利川、恩施、建始、巴东、宣恩、鹤峰、五峰、长阳、宜昌、秭归、兴山、神农架、房县、保康、谷城、十堰、竹山、竹溪等地，在河北、山西、河南、陕西、甘肃、浙江、四川、贵州、云南、西藏等地也有分布。

## 【野外生境】

生于海拔 900~3600m 的溪边杂木林中。

## 【价值用途】

优良的观赏树木。为第三纪孑遗植物和稀有珍贵的古老树种，对研究古植物区系和古代地理气候有重要的学术价值。

## 【资源现状】

分布范围日益缩小，植株数量急剧减少。三峡植物园收集保存的种苗生长良好，可正常开花结果。

## 【濒危原因】

森林被大量砍伐，自然植被遭到严重破坏，生境恶化。

## 【保护措施】

保护现有种群种质资源，人工繁殖或辅助天然更新扩大种群数量及范围。

## 【繁殖技术】

种子繁殖。

# 连香树

拉 丁 名：*Cercidiphyllum japonicum* Sieb.et Zucc.　　英文名称：Cercidiphyllum japonicum

科　　属：连香树科（Cercidiphyllaceae）连香树属（*Cercidiphyllum*）

保护级别：国家二级珍稀濒危保护植物，易危种

## 【形态特征】

落叶大乔木。树皮灰褐色，薄片状剥落，枝条无毛。叶对生，扁圆形或卵形，长 3~6cm，宽 3~7cm，先端圆或钝尖，基部心形，枝顶上部的多为圆形，边缘有波状圆齿，上面深绿色，下面淡绿色，幼时常有白粉，两面无毛，叶脉在下面略凸起；叶柄长 2~3cm，无毛。花单性，雌雄异株；雌花有短花梗，苞片带绿色，心皮 3~5，分离，子房和花柱淡绿色，柱头红色；雄蕊的苞片淡绿色，雄花 8~20，花丝细，花药线形，长约 3mm，红色。聚合蓇葖果；蓇葖果 2~3，长 8~15mm，上部喙状狭尖，微弯曲；种子淡褐色，一侧有长圆形的翅。花期春季，果期 6~10 月。

## 【地理分布】

分布于鄂西北、鄂西南、通山和英山等地，在山西西南部、河南、陕西、甘肃、安徽、浙江、江西、四川等地也有分布。

## 【野外生境】

生于海拔 650~2700m 的山谷边缘或林中开阔地的杂木林中。

## 【价值用途】

对于研究第三纪植物区系起源以及中国与日本植物区系的关系，具有十分重要的科研价值。连香树为极好的用材、园林绿化树种。

## 【资源现状】

鄂西山地保存有天然林，单株材积年生长量 0.0110~0.0200m³。三峡植物园收集保存的资源可正常开花结果。

## 【濒危原因】

分布区逐渐缩小，资源日益萎缩，成片植株较为

罕见。结实率低，幼苗易受暴雨、病虫等危害，天然更新困难，林下幼树较少。

## 【保护措施】

就地保护现有野生种群及单株，人工培育苗木造林，扩大种群数量和分布范围。

## 【繁殖技术】

种子繁殖，扦插繁殖。

# 黄 连

拉 丁 名：*Coptis chinensis* Franch.　　　　英文名称：Coptis chinensis

科　　属：毛茛科（Ranunculaceae）黄连属（*Coptis*）　　保护级别：国家二级珍稀濒危保护植物，易危种

主要别名：味连、川连、鸡爪连

## 【形态特征】

根状茎黄色，具多须根。叶卵状三角形，薄革质，宽达 10cm，三全裂，中央全裂片卵状菱形，长3~8cm，宽 2~4cm，顶端急尖，羽状深裂，边缘具细尖的锐锯齿，仅叶面沿脉被短柔毛；叶柄长5~12cm。花葶 1~2 条，高 12~25cm；二歧或多歧聚伞花序，有 3~8 朵花；苞片披针形，羽状深裂；萼片黄绿色；花瓣线形；雄蕊约 20；心皮 8~12，花柱微外弯。蓇葖果长 6~8mm，柄约与之等长。种子 7~8 枚，褐色。花期 2~3 月，果期 4~6 月。

## 【地理分布】

在湖北分布于神农架、房县、谷城、十堰、竹山、竹溪、保康、通城、罗田、五峰、宜昌、兴山、秭归、巴东、利川、恩施、鹤峰、宣恩等地，在四川、重庆、贵州、湖南、陕西南部也有分布。

## 【野外生境】

生于海拔 500~2000m 间的山地林中或山谷阴处。

## 【价值用途】

我国著名的药用植物，具清热燥湿、泻火解毒等功效。

## 【资源现状】

湖北分布较多，五峰后河自然保护区有大片野生居群。

## 【濒危原因】

人为过度采挖，生境破坏等。

## 【保护措施】

控制采挖野生资源，开展人工种植研究及应用。

## 【繁殖技术】

种子繁殖。

# 凤丹

拉 丁 名：*Paeonia ostii*　　　　　　英文名称：Tree peony

科　　属：毛茛科（Ranunculaceae）芍药属（*Paeonia*）　　保护级别：国家二级保护植物

主要别名：铜陵牡丹、铜陵凤丹

【形态特征】

落叶灌木。分枝短而粗。植株近直立，当年生枝长，粗壮。叶通常为二回三出复叶，顶生小叶15，卵状披针形，表面绿色，无毛，背面淡绿色，有时具白粉，沿叶脉疏生短柔毛或近无毛。花单生枝顶，苞片5，长椭圆形，大小不等；萼片5，绿色，宽卵形，大小不等；花瓣5，或为重瓣，白色，倒卵形，顶端呈不规则的波状；花丝上部白色，花药长圆形，花盘革质，杯状，紫红色；心皮5，密生柔毛。蓇葖果长圆形，密生黄褐色硬毛。花期5月，果期6月。

【地理分布】

在湖北分布于保康、恩施等地，在四川北部、甘肃南部、陕西南部（太白山区）也有分布。

【野外生境】

生于海拔1100~2800m的山坡林下灌丛中。

【价值用途】

人工栽培甚广。其根皮有镇痛、解热、抗过敏、消炎、免疫等药用价值。园艺品种栽培供观赏。

【资源现状】

野生资源分布范围急剧缩小，植株数量锐减，原分布区组织开展保护和繁育研究。三峡植物园大田垄栽，夏季适当侧方遮阳，植株生长及开花结果正常。

【濒危原因】

野生生境破坏严重，资源减少，自身繁育更新慢。

【保护措施】

控制采挖野生资源，建立种质资源收集保存基地。

【繁殖技术】

种子繁殖，嫁接繁殖。

# 紫斑牡丹（变种）

拉 丁 名：*Paeonia rockii* (S. G. Haw & Lauener) T. Hong & J. J. Li　　英文名称：*Paeonia suffruticosa*

科　　属：毛茛科（Ranunculaceae）芍药属（*Paeonia*）　　保护级别：国家二级保护植物，易危种

主要别名：白茸、木芍药、油牡丹

## 【形态特征】

落叶灌木，茎棕灰色；二回羽状复叶，小叶11~15枚，披针形或卵状披针形，大多完整，顶端小叶常2~3裂，极少见侧面一两片小叶2裂；小叶两面光滑，基部圆形，先端急尖；花单生枝顶；花宽12~14cm，苞片1~4枚，绿色，叶状，花萼3~4枚，黄绿色，椭圆形或卵圆形，花瓣11枚，倒卵形，白色；花丝紫红色，花药黄色；花盘坚韧，紫红色，完全包围子房，顶端具数个锐齿或裂片；心皮5，密被绒毛，柱头紫红色；蓇葖果长椭圆形，密被棕黄色茸毛。花期4~5月，果期6月。

## 【地理分布】

在湖北分布于神农架、保康、谷城、南漳等地，广泛分布于河南、安徽、山西、四川、甘肃等地。

## 【野外生境】

生于海拔1100~2800m的山坡林下灌丛中。

## 【价值用途】

根可入药，根皮为镇痉药，能凉血散瘀，治中风、腹痛等症。亦为优良的观赏植物和油料作物。

## 【资源现状】

三峡植物园收集保存的资源，大田垄栽，夏季适当侧方遮阳，植株生长及开花结果正常。

## 【保护措施】

控制采挖野生资源，建立种质资源收集保存基地。

## 【繁殖技术】

播种或嫁接繁殖。

# 桃儿七

## 小檗科

拉 丁 名：*Sinopodophyllum hexandrum* (Royle) Ying     英文名称：Sinopodophyllum hexandrum

科　　属：小檗科（Berberidaceae）桃儿七属（*Sinopodophyllum*）    保护级别：国家二级珍稀濒危保护植物

主要别名：桃耳七、小叶莲、鬼臼

### 【形态特征】

多年生草本，植株高 20~50cm。根状茎粗短，节状，多须根；茎直立，单生，具纵棱，基部被褐色大鳞片。叶 2 枚，薄纸质，非盾状，基部心形，3~5 深裂近达中部，裂片不裂或有时 2~3 裂，裂片先端渐尖，上面无毛，背面被柔毛，边缘具粗锯齿；叶柄长 10~25cm，无毛。花大，单生，先叶开放，两性，整齐，粉红色；萼片 6；花瓣 6，倒卵形，长 2.5~3.5cm，宽 1.5~1.8cm；雄蕊 6；雌蕊 1，长约 1.2cm，子房椭圆形，1 室，含多数胚珠，花柱短，柱头头状。浆果卵圆形，长 4~7cm，直径 2.5~4cm，熟时橘红色；种子卵状三角形，红褐色，无肉质假种皮。花期 5~6 月，果期 7~9 月。

### 【地理分布】

湖北神农架、罗田和英山有零星分布，在云南、四川、西藏、甘肃、青海、陕西等地也有分布。

### 【野外生境】

生于海拔 1500~3000m 的林下、林缘湿地、灌丛中或草丛中。

### 【价值用途】

根茎、须根、果实均可入药，具祛风除湿，止咳止痛，活血解毒等疗效，药用价值极高。对研究东亚、北美植物区系有一定的科学价值。

### 【资源现状】

野生资源急剧减少，面临濒危。三峡植物园收集保存种质资源，在湿润疏松富含腐殖质土壤生长状况良好，夏季需遮阳（忌强光直射）通风。

### 【濒危原因】

生态环境遭破坏，繁殖能力弱。

### 【保护措施】

建立原地保护小区；严禁采挖野生资源；加强人工驯化育种，扩大种植。

### 【繁殖技术】

种子繁殖，分株繁殖。

# 红茴香

## 木兰科

拉丁名：*Illicium henryi* Diels      英文名称：Illicium henryi

科　　属：木兰科（Magnoliaceae）八角属 (*Illicium*)      保护级别：珍稀渐危植物

主要别名：山木蟹、大茴、土大茴、木蟹树、铁苦散、山大茴

### 【形态特征】

落叶灌木；树皮灰褐色至灰白色。芽近卵形。叶互生或2~5片簇生，革质，倒披针形，长披针形或倒卵状椭圆形，长6~18cm，宽1.2~6cm，先端长渐尖，基部楔形；中脉在叶上面下凹，在下面突起，侧脉不明显；叶柄上部有不明显的狭翅。花粉红至深红、暗红色，腋生或近顶生，单生或2~3朵簇生；花梗细长；花被片10~15，长7~10mm；宽4~8.5mm；雄蕊11~14枚，长2.2~3.5mm，花丝长1.2~2.3mm，药室明显凸起；心皮通常7~9（12）枚，长3~5mm，花柱钻形。果梗长15~55mm；蓇葖7~9，先端明显钻形，细尖。花期4~6月，果期8~10月。

### 【地理分布】

模式标本采自湖北宜昌。在陕西南部、甘肃南部、安徽、江西、福建、河南、湖南、广东、广西、四川、重庆、贵州、云南等地有分布。

### 【野外生境】

生于海拔300~2500m山地、丘陵、盆地的密林、疏林、灌丛、山谷、溪边或峡谷的悬崖峭壁上，喜阴湿。

### 【价值用途】

可栽培作观赏树种，果含莽草亭，有剧毒，不能作食用香料，药用价值较高。

### 【资源现状】

三峡植物园收集保存的资源，长势良好，每年开花，但结果少。

### 【濒危原因】

原生境遭人为破坏，野生资源保存量减少。

### 【保护措施】

在适种区扩大栽培区域。

### 【繁殖技术】

种子繁殖。

# 鹅掌楸

拉 丁 名：*Liriodendron chinense* (Hemsl.) Sargent.　　英文名称：Liriodendron chinense

科　　属：木兰科（Magnoliaceae）鹅掌楸属（*Liriodendron*）　　保护级别：国家二级珍稀濒危保护植物

主要别名：马褂木、鸭掌树

## 【形态特征】

落叶乔木。小枝灰色或灰褐色，有环状托叶痕。叶互生，马褂状，长 4~18cm，宽 5~19cm，每边常有 2 裂片，背面苍白色；叶柄长 4~8cm。花杯状，花被片 9，外轮 3 片绿色，萼片状，内两轮 6 片，直立，花瓣状，倒卵形，长 3~4cm，绿色，具黄色纵条纹；花药长 10~16mm；雌蕊群在花期时超出花被之上，心皮黄绿色。聚合果长 7~9cm，小坚果具翅，顶端钝或钝尖，具种子 1~2 枚。花期 4~5 月，果期 6~10 月。

## 【地理分布】

在湖北零星分布于鹤峰、宣恩、利川、建始、巴东、五峰、兴山、宜昌、秭归、长阳、神农架、竹溪、保康、南漳、通山、谷城、罗田等地，在陕西、安徽、浙江、江西、福建、湖南、广西、四川、贵州、云南等地也有分布，台湾有栽培。

## 【野外生境】

生于海拔 600~1700m 的山地林中。

## 【价值用途】

为古老的孑遗植物，对于研究东亚植物区系和北美植物区系的关系，探讨北半球地质和气候的变迁，具有十分重要的意义，亦是珍贵用材树种。

## 【资源现状】

天然林分布范围急剧下降，野生资源数量锐减，人工栽培面积增长迅速。鄂西山地保存有天然林，单株材积年平均生长量 0.0150m³ 左右。三峡植物园引种栽培，速生，能开花结果。

## 【濒危原因】

天然林屡遭滥伐，分布区日渐稀少。鹅掌楸是异

花授粉树种，但有孤雌生殖现象，导致种子生命弱，发芽率低，是濒危树种之一。

## 【保护措施】

建立自然保护区将鹅掌楸列为保护对象，严禁砍伐野生大树、古树，同时作为城市绿化和造林树种在适宜地区大量栽培。

## 【繁殖技术】

种子繁殖，扦插繁殖。

# 凹叶厚朴

拉 丁 名：*Magnolia officinalis* Rehd. et Wils. subsp. biloba (Rehd. et Wils.) Law
英文名称：Magnolia officinalis
科　　属：木兰科（Magnoliaceae）木兰属（*Magnolia*）　　　　　保护级别：国家二级保护植物，渐危

## 【形态特征】

落叶乔木。树皮厚，淡褐色。叶互生，常集生枝梢，革质，狭倒卵形，长 15~30cm，宽 8~17cm，顶端有凹缺成 2 钝圆浅裂片（但在幼苗或幼树中先端圆），基部楔形，侧脉 15~25 对，下面灰绿色，幼时有毛；叶柄长 2.5~5cm，生白色毛，托叶痕延至叶柄中部以上。花两性，大，白色，有芳香；花被片 9~12，披针状倒卵形或长披针形；雄蕊多数；心皮多数，柱头尖而稍弯。聚合果长圆状卵圆形，蓇葖具长喙；种子倒卵形。花期 4~5 月，果期 6~9 月。

## 【地理分布】

在湖北零星分布于五峰、利川、巴东、建始、丹江口、竹溪、南漳、松滋、黄冈、通山、崇阳、大冶、武汉、广水、咸宁、蕲春、英山、罗田、麻城、武穴等地，安徽、浙江西部、江西（庐山）、福建、湖南南部、广东北部、广西北部和东北部亦有分布。

## 【野外生境】

生于海拔 1000m 以下的山坡林缘，多栽培于山麓和村舍附近。

## 【价值用途】

经济用材树种，药用树种，观赏价值高。

## 【资源现状】

三峡植物园引种栽培，速生，能开花结果、未见自然更新。

## 【濒危原因】

药用价值高，野生资源遭人为采挖严重。

## 【保护措施】

保护野生生境和野生资源，加强人工繁殖应用。

## 【繁殖技术】

种子繁殖。

# 厚 朴

拉 丁 名：*Magnolia officinalis* Rehd. et Wils.　　英文名称：Magnolia officinalis

科　　属：木兰科（Magnoliaceae）木兰属（*Magnolia*）　　保护级别：国家二级保护植物

主要别名：紫朴、紫油朴、温朴

## 【形态特征】

　　落叶乔木；树皮厚，紫褐色，油润而带辛辣味；小枝粗壮，幼时有绢毛；顶芽大，密被淡黄褐色绢状毛。叶大,近革质，常7~9片聚生枝端，长圆状倒卵形，长22~45cm，宽 12~25cm，上面绿色，下面灰绿色，被灰色柔毛，有白粉，侧脉20~30 对；叶柄粗壮，托叶痕为叶柄的2/3。花与叶同时开放，单生枝顶，白色，芳香；花梗粗短，被长柔毛，花被片9~12，厚肉质，外轮3片淡绿色，内两轮白色；雄蕊多数，花丝红色；雌蕊群椭圆状卵圆形，长 2.5~3cm，心皮多数。聚合蓇葖果长椭圆状卵圆形或圆柱状；种子倒卵形，外种皮鲜红色。花期4~5月，果期6~10月。

## 【地理分布】

　　零星分布于宜昌、五峰、兴山、长阳、秭归、神农架、利川、巴东、鹤峰、咸丰、宣恩、恩施、建始、谷城、罗田等地，在陕西南部、甘肃东南部、河南东南部、湖南西南部、四川（中部、东部）、贵州东北部有分布。现各地有栽培。

## 【野外生境】

　　生于海拔 300~1700m 的山坡林缘。

## 【价值用途】

　　厚朴是我国特有的珍贵药用植物，树皮及花果均可入药；种子可榨油；木材供建筑；也可作绿化观赏树种。

## 【资源现状】

　　野生居群少。三峡植物园已收集保存近 20 年，可正常生长开花结果，生长速度低于鄂西中高山地区。

## 【保护措施】

　　严禁剥皮、采伐天然野生植株，保护好母树，人工促进天然更新或辅助更新，积极开展育苗造林，扩大商品林栽培范围和种群数量。

## 【濒危原因】

　　药用价值高，野生资源遭人为采挖严重。

## 【繁殖技术】

　　种子繁殖。

# 武当木兰

拉 丁 名：*Magnolia sprengeri* Pampan.　　英文名称：Magnolia sprengeri

科　　属：木兰科（Magnoliaceae）木兰属（*Magnolia*）　　保护级别：珍稀植物

主要别名：湖北木兰、迎春树

## 【形态特征】

落叶乔木，老干皮具纵裂沟成小块片状脱落。小枝淡黄褐色，后变灰色，无毛。叶倒卵形，长10~18cm，宽4.5~10cm，先端急尖或急短渐尖，基部楔形，上面仅沿中脉及侧脉疏被柔毛，下面初被平伏细柔毛，叶柄长1~3cm。花蕾被淡灰黄色绢毛，花先叶开放，花被片12（14），外面玫瑰红色，长5~13cm，宽2.5~3.5cm，雄蕊多数，花丝紫红色，宽扁；雌蕊群圆柱形，长2~3cm，淡绿色，花柱玫瑰红色。聚合果圆柱形，长6~18cm；蓇葖果扁圆，成熟时褐色。花期3~4月，果期8~9月。

## 【地理分布】

在湖北分布于宜昌、长阳、兴山、五峰、远安、宣恩、咸丰、鹤峰、恩施、利川、建始、巴东、神农架、房县、十堰、丹江口、郧县、保康、潜江、咸宁、浠水、罗田等地，模式标本采自湖北房县武当山，湖南西北部、陕西、甘肃南部、河南西南部、四川东部和东北部也有分布。

## 【野外生境】

生于海拔1300~2400m的山林间或灌丛中。

## 【价值用途】

中国特有植物，药用价值高，树皮代用厚朴，亦是优良庭园树种。

## 【资源现状】

野生群落少，三峡植物园收集保存部分资源生长正常。

## 【濒危原因】

野生资源遭过度采伐。

## 【保护措施】

加强天然林分和古树名木的保护，人工促进天然更新或辅助更新，积极开展育苗造林，扩大商品林或园林观赏栽培范围和种群数量。

## 【繁殖技术】

种子繁殖，嫁接繁殖。

# 天女木兰

拉 丁 名：*Magnolia sieboldii* K. Koch　　　　　英文名称：Magnolia sieboldii

科　　属：木兰科（Magnoliaceae）木兰属（*Magnolia*）　　保护级别：国家三级保护植物，近危种

主要别名：小花木兰、天女花

## 【形态特征】

落叶小乔木，小枝初被银灰色长柔毛。叶膜质，倒卵形或宽倒卵形，长6~25cm，宽4~12cm，先端骤狭急尖，基部阔楔形至近心形，下面苍白色，常被毛，侧脉每边6~8条，叶柄1~6.5cm，被长柔毛，托叶痕约为叶柄长的1/2。花与叶同时开放，白色，芳香，直径7~10cm；花梗长3~7cm，密被平伏长柔毛；花被片9，近等大；雄蕊多数，紫红色；雌蕊群椭圆形，长约1.5cm。聚合果熟时红色，倒卵圆形或长圆体形，长2~7cm；蓇葖狭椭圆形，长约1cm，沿背缝线全裂。种子心形，顶孔细小末端具尖。

## 【地理分布】

我国唯一的野生木兰属植物。在湖北分布于英山和竹溪，辽宁、安徽、浙江、江西、福建北部、广西，以及朝鲜、日本也有分布。

## 【野外生境】

生于海拔800~2000m的阴坡和山谷林中的空地。

## 【价值用途】

木材可制农具，花可提取芳香油，入药，可制浸膏。花色艳丽，为优良的园林观赏植物，也是提取香料的轻工业原料。

## 【资源现状】

三峡植物园2005年从辽宁引进种子播种育苗，1

年生苗木高生长量达20cm，造林后树高年生长量20~30cm，夏季枯梢至地茎部，第二年再萌发。

## 【濒危原因】

野生资源遭过度采伐。

## 【保护措施】

保护现有野生地植株，采集种子或穗条扩大繁育，加强资源保存林、工业原料林或风景林营造力度。

## 【繁殖技术】

种子繁殖，扦插繁殖。

# 星花木兰

拉 丁 名：*Magnolia tomentosa* Thunb.

科　　属：木兰科（Magnoliaceae）木兰属（*Magnolia*）

主要别名：日本毛木兰

英文名称：Magnolia tomentosa

保护级别：国家三级保护植物

## 【形态特征】

落叶小乔木，枝繁密，灌木状；树皮灰褐色，当年生小枝绿色，密被白色绢状毛，2年生枝褐色；冬芽密被平伏长柔毛。叶倒卵状长圆形，长 4~10cm，宽 3.7cm；基部渐狭窄楔形，上面深绿色，无毛，下面浅绿色；中脉及叶柄被柔毛；叶柄长 3~10mm，托叶痕约为叶柄长之半。花蕾卵圆形，密被淡黄色长毛；花先叶开放，芳香，盛开时直径 7~8.8cm；外轮萼状花被片披针形，长 15~20mm，宽 2~3mm，早落；内数轮瓣状花被片 12~45，狭长圆状倒卵形，长 4~5cm，宽 0.8~1.2cm，花色多变，白色至紫红色。聚合果长约 5cm，仅部分心皮发育而扭转。花期 3~4 月。

## 【地理分布】

在湖北宜昌五峰有零星分布，原产于日本本州岛中部，在南京、青岛、大连有栽培，在北京、广州也有少量分布。

## 【野外生境】

生于海拔 1000m 以上的阴坡和山谷林中。

## 【价值用途】

星花木兰树姿优美，小枝曲折，先花后叶，花朵粉色又带芳香，为早春少见的观赏花木，具有较高的园林观赏价值。

## 【资源现状】

三峡植物园收集保存 5 株生长良好，开花艳丽。

## 【濒危原因】

原生境遭到破坏，野生资源移栽不易成活。

## 【保护措施】

保护现有野生植株，采集种子或穗条扩大繁育。

## 【繁殖技术】

种子繁殖，嫁接繁殖，分蘖繁殖。

# 黄山木兰

拉丁名：*Magnolia cylindrica* Wils.　　　　英文名称：Magnolia cylindrica

科　　属：木兰科（Magnoliaceae）木兰属（*Magnolia*）　　保护级别：国家三级珍稀濒危保护植物

主要别名：望春花（阳新）

【形态特征】

　　落叶乔木，树皮灰白色，平滑。嫩枝、叶柄、叶背被淡黄色平伏毛。叶倒卵形至倒卵状长圆形，长6~14cm，宽2~5cm，先端尖或圆，叶面绿色，无毛；下面灰绿色；叶柄长0.5~2cm；托叶痕为叶柄长的1/6~1/3。花先叶开放；花蕾卵圆形，被长毛；花梗粗壮，长1~1.5cm，密被淡黄色长绢毛，花被片9，白色，基部常红色；雄蕊长约10mm，花丝淡红色；雌蕊群圆柱状卵圆形，长约1.2cm。聚合果圆柱形，长5~7.5cm，直径1.8~2.5cm，种子褐色，心形。花期5~6月，果期8~9月。

【地理分布】

　　在湖北分布于咸宁、赤壁、崇阳、阳新、大冶、应山、十堰、广水、大悟、保康等地，零散分布于安徽、浙江、福建等地。

【野外生境】

　　生于海拔600~1700m处的山坡、沟谷疏林或山顶灌丛中。

【价值用途】

　　高级用材树种，花蕾入药，亦是优良园林绿化树种。

【资源现状】

　　三峡植物园收集保存的资源，生长状况良好，可正常开花结果，种子播种萌发率较高。

【濒危原因】

　　森林过度砍伐以及产地群众每年早春采摘花蕾供药用，导致天然更新困难，野生植株正日益减少。

【保护措施】

　　已在黄山、清凉峰、天目山、武夷山、井冈山等地建立风景保护区和自然保护区。对零散分布的大树、古树加强保护管理，保护野生的居群，对幼苗、幼树加强抚育管理，促进天然更新，并做好人工采种繁殖工作。

【繁殖技术】

　　种子繁殖。

# 大叶木莲

拉 丁 名：*Manglietia megaphylla*
科　　属：木兰科（Magnoliaceae）木莲属（*Manglietia*）

英文名称：Manglietia megaphylla
保护级别：国家二级保护植物

## 【形态特征】

落叶乔木。小枝、叶柄、托叶、果柄、佛焰苞状苞片均密被锈褐色长绒毛。叶革质，常 5~6 片集生于枝端，倒卵形，先端短尖，2/3 以下渐狭，基部楔形，长 25~50cm，宽 10~20cm，上面无毛，侧脉每边 20~22 条，网脉稀疏；叶柄长 2~3cm；托叶痕为叶柄长的 1/3~2/3。花梗粗壮，长 3.5~4cm，径约 1.5cm，具佛焰苞状苞片；花被片厚肉质，9~10 片，3 轮，外轮 3 片倒卵状长圆形，长 4.5~5cm，宽 2.5~2.8cm，腹面具约 7 条纵纹，内面 2 轮较狭小；雄蕊群被长柔毛，雄蕊长 1.2~1.5cm，药室分离；雌蕊群卵圆形，长 2~2.5cm，具 60~75 枚雌蕊，无毛。聚合蓇葖果卵球形或长圆状卵圆形，沿背缝及腹缝开裂。花期 6 月，果期 9~10 月。

## 【地理分布】

产于广西、云南。

## 【野外生境】

生于海拔 450~1500m 的山地林中，沟谷两旁。

## 【价值用途】

优良用材林和园林观赏树种。大叶木莲为木莲属中较原始的种类，对研究该属的系统分类有科研价值。

## 【资源现状】

在湖北省无分布。原分布区非常狭窄。目前残存大树很少，幼树和幼苗亦甚少见。三峡植物园收集保存的种质资源能正常生长。

## 【濒危原因】

由于人为过度采伐，生境恶化，残存大树稀少，种群自然恢复困难。

## 【保护措施】

应严禁砍伐野生资源，组织开展人工采种、育苗及栽培。建立自然保护区，保护野生濒危资源。

## 【繁殖技术】

种子繁殖，嫁接繁殖。

# 巴东木莲

拉 丁 名：*Manglietia patungensis* Hu
英文名称：Manglietia patungensis

科　　属：木兰科（Magnoliaceae）木莲属（*Manglietia*）
保护级别：国家二级珍稀濒危保护植物，易危种

主要别名：调羹树

## 【形态特征】

常绿乔木。小枝粗壮，无毛，有明显环状托叶痕。叶薄革质，倒卵状椭圆形或倒卵状倒披针形，长14~20cm，宽3.5~7cm，先端尾状渐尖，基部楔形；两面无毛，上面绿色，下面淡绿色；侧脉13~15对；叶柄长1.5~3cm，托叶痕长为叶柄长的1/5至1/7。花单生枝顶，白色，芳香；花被片9，外轮窄长圆形，中轮及内轮倒卵形，雄蕊多数，花药紫红色；雌蕊群圆锥形，长约2cm，雌蕊约55，每心皮常有胚珠4~6。聚合果圆柱状椭圆形，成熟时淡紫红色，背缝开裂。花期5~6月，果期7月底。

## 【地理分布】

巴东木莲是木莲属植物分布的最北缘，鄂西特有树种，零星分布于神农架、利川、咸丰、来凤、恩施、巴东县施阳桥等地及利川、四川东南部。

## 【野外生境】

生于海拔600~1000m的密林中。

## 【价值用途】

在植物系统发育与演化上具有重要的科学意义，也是珍贵的造林树种和观赏树种。

## 【资源现状】

中国特有珍贵树种，野生资源现存极少，已处于濒危灭绝的境地。三峡植物园和三峡大学合作建立种质收集保存基地20亩，植株生长、开花正常。

## 【濒危原因】

人类对巴东木莲的不合理利用，及生境片断化导致野生资源濒临灭绝，种群自然恢复困难。

## 【保护措施】

原地保护现存野生单株，建立种质资源保存基地，开展原地回归及异地回归研究。

## 【繁殖技术】

嫁接繁殖，播种繁殖。

# 大果木莲

拉 丁 名：*Manglietia grandis* Hu et Cheng
科　　属：木兰科（Magnoliaceae）木莲属（*Manglietia*）
主要别名：黄心绿豆、大果木兰

英文名称：Manglietia grandis
保护级别：国家二级保护植物

## 【形态特征】

乔木，小枝粗壮，淡灰色，无毛。叶革质，椭圆状长圆形或倒卵状长圆形，长 20~35.5cm，宽 10~13cm，先端钝尖或短突尖，基部阔楔形，两面无毛，上面有光泽，下面有乳头状突起，常灰白色，侧脉每边 17~26 条；叶柄长 2.6~4cm，托叶无毛，托叶痕约为叶柄的 1/4。花红色，花被片 12，外轮 3 片较薄，倒卵状长圆形，长 9~11cm，具 7~9 条纵纹，内 3 轮肉质，倒卵状匙形，长 8~12cm，宽 3~6cm；雄蕊长 1.4~1.6cm，花药长约 1.3cm，药隔伸出约 1mm 长的短尖头；雌蕊群卵圆形，长约 4cm，每心皮背面中肋凹至花柱顶端。聚合蓇葖果长圆状卵圆形，成熟时沿背缝线及腹缝线开裂。花期 5 月，果期 9~10 月。

## 【地理分布】

分布极窄，仅见于云南东南部金平、麻栗坡、马关、西畴及广西西南部靖西、那坡等县的局部地区。

## 【野外生境】

生于海拔 800~1500m 山地峡谷向阳的沟谷或山腰中部常绿阔叶林中。

## 【价值用途】

优良用材及园林观赏树种。大果木莲是木莲属中较原始的种类，又是特有珍稀树种，对研究植物区系及木莲属分类有一定的科研价值。

## 【资源现状】

野生资源现存较少，已处于濒危灭绝境地。三峡植物园

2014 年引种收集保存部分种质资源，适应性及生长状况较好。

## 【濒危原因】

天然分布范围狭窄，人为砍伐严重，生境遭严重破坏，导致野生资源濒临灭绝，种群自然恢复困难。

## 【保护措施】

原地保护现存野生单株，严禁人为采挖砍伐，开展人工繁育研究进行规模化、产业化栽培应用。

## 【繁殖技术】

播种繁殖。

# 桂南木莲

拉 丁 名：*Manglietia chingii*

科　　属：木兰科（Magnoliaceae）木莲属（*Manglietia*）

主要别名：万山木莲、仁昌木莲、南方木莲

英文名称：Manglietia chingii

保护级别：渐危植物

## 【形态特征】

常绿乔木，树皮灰色，光滑，芽、嫩枝有红褐色短毛。叶革质，倒披针形或狭倒卵状椭圆形，先端短渐尖或钝，基部狭楔形或楔形、上面无毛，深绿色有光泽，下面灰绿色，嫩叶被微硬毛或具白粉；侧脉每边 12~14 条；叶柄长 2~3cm，上面具张开的狭沟；花蕾卵圆形，花梗细长，花被下有 1 环苞片痕；花被片 9~11 片，每轮 3 片，外轮 3 片常绿色，质较薄，椭圆形，顶端圆钝，中轮肉质，倒卵状椭圆形，内轮肉质，3~4 片，倒卵状匙形；雄蕊长约 1.3~1.5cm，花药长 8~9mm，药隔伸出成三角形的尖头，2 药室为药隔分开；雌蕊群长 1.5~2cm，下部心皮长 0.8~1cm，背面具 3~4 纵沟。聚合蓇葖果，顶端具短喙；种子内种皮具突起点。花期 5~6 月，果期 9~10 月。

## 【地理分布】

在广东北部和西南部、云南（富宁、屏边）、广西中部和东部、贵州东南部，越南北部永富省有分布。

## 【野外生境】

生于海拔 700~1300m 砂页岩山地，山谷潮湿处。

## 【价值用途】

优良用材及园林观赏树种，亦可药用。

## 【资源现状】

三峡植物园 2014 年引种收集保存的种质资源生长正常。

## 【濒危原因】

天然分布范围狭窄，人为砍伐严重，生境遭严重破坏，导致野生资源濒临灭绝，种群自然恢复困难。

## 【保护措施】

原地保护现存野生单株，严禁人为采挖砍伐，开展人工繁育研究进行规模化、产业化栽培应用。

## 【繁殖技术】

种子繁殖。

# 毛果木莲

拉 丁 名：*Manglietia hebecarpa*

科　　属：木兰科（Magnoliaceae）木莲属（*Manglietia*）

英文名称：Manglietia hebecarpa

保护级别：国家二级保护植物

【形态特征】

常绿乔木，高达 30m，直径 40cm，佛焰苞状苞片背面及雌蕊群密被淡黄色平伏柔毛，老枝上残留有毛。叶椭圆形，长 9~18cm，宽 4~6cm，先端短渐尖，基部楔形，侧脉每边 9~15 条，网脉致密，干时两面凸起；叶柄长 1~3.5cm；托叶痕长 7~1.5mm。花梗长 2~3cm，紧贴花被片下具 1 佛焰苞状苞片，外面具凸起小点；花被片 9，肉质，外轮 3 片倒卵形，长 3.5~4.5cm，外面基部被黄色短柔毛，中内两轮卵形或狭卵形，内轮基部具爪；雄蕊长 8~12mm，花药长 6~8mm，稍分离，药隔伸出成 1~2mm 的尖头，花丝长 1~2mm；雌蕊群倒卵状球形，长 2.5~3cm，密被黄色平伏毛，仅露出柱头，雌蕊 30~80 枚，狭长，长 1~1.2cm，腹面纵纹直达花柱顶端。胚珠两列，8~10 枚。聚合果倒卵状球形或长圆状卵圆形，长 6~10cm，残留有黄色长柔毛；蓇葖狭椭圆体形，顶端具长 5~7mm 的喙。种子横椭圆形，长 6~7mm，高约 5mm，腹面有纵沟和小凹穴，背面具不规则的沟棱，基部有短尖。花期 4~5 月，果期 8~9 月。

【地理分布】

仅分布于云南省屏边县大围山及河口、金平等县。

【野外生境】

生于海拔 800~1600m 的山谷常绿阔叶林中。

【价值用途】

优良的用材和园林绿化树种。毛果木莲是木兰型植物中较原始的种类，对研究古植物区系及木兰科分类系统和演化有一定的科研学术价值。

【资源现状】

三峡植物园 2014 年引种收集保存的种质资源生长正常。

【濒危原因】

分布区域狭窄或呈间断分布；人为过度采伐，导致生境破坏严重，林下过度开发利用，天然更新难。

【保护措施】

加强对原生地的管护，制止乱砍滥伐。人工采种育苗，建立繁殖基地，开展原地回归和异地回归研究。

【繁殖技术】

播种繁殖，嫁接繁殖。

# 华盖木

拉 丁 名：*Manglietiastrum sinicum*
科　　属：木兰科（Magnoliaceae）华盖木属（*Manglietiastrum*）
主要别名：缎子绿豆树（云南本畴）

英文名称：Manglietiastrum sinicum
保护级别：国家一级保护植物

## 【形态特征】

常绿大乔木；树皮灰白色，细纵裂；具板根；全株无毛。叶革质，狭倒卵形或狭倒卵状椭圆形，长15~26（30）cm，宽5~8（9.5）cm，先端具稍弯急尖，基部渐狭楔形，下延，边缘稍背卷，中脉两面凸起，侧脉每边13~16条，网脉稀疏，干时两面均凸起；叶柄长1.5~2cm，无托叶痕，基部稍膨大。花单生枝顶，花蕾绿色，倒卵圆形或卵球形，佛焰苞状苞片紧接花被下；花被片9，3片1轮；外轮3片长圆状匙形，顶端钝，中轮及内轮6片，倒卵状匙形，较小；雄蕊约65，药室内向开裂，药隔伸出成长尖头；雌蕊群长卵球形，心皮13~16枚，每心皮具胚珠3~5。聚合蓇葖果成熟时绿色，干时暗褐色，倒卵圆形、椭圆状卵圆形或倒卵圆形，长5~8.5cm，径3.5~6.5cm；每心皮有种子1~3枚，种子横椭圆形，两侧扁，腹孔凹入，中有凸点，背棱稍微凸。

## 【地理分布】

湖北没有分布，产于云南。

## 【野外生境】

生于山坡上部、向阳的沟谷、潮湿山地上的南亚热带季风常绿阔叶林中。

## 【价值用途】

优良园林观赏树种。对该种植物的分类系统，古植物区系等研究有学术价值。

## 【资源现状】

三峡植物园引种种苗保存良好，枝条年生长量30~52cm。

## 【濒危原因】

外围生境恶化，周边喀斯特型土壤利用过度，形成"孤岛"，使靠鸟类传播的华盖木失去了向四周扩散的机会，种子难于萌发生长，种群自然恢复困难。

## 【保护措施】

建立自然保护区，严禁砍伐野生资源，组织开展采种育苗扩大种群数量，同时开展相关研究。

## 【繁殖技术】

种子繁育。

# 香子含笑

拉 丁 名：*Michelia hedyosperma* Law　　　　英文名称：Michelia hedyosperma

科　　属：木兰科（Magnoliaceae）含笑属（*Michelia*）　　保护级别：国家二级保护植物

主要别名：黑枝苦梓

## 【形态特征】

常绿或落叶乔木；芽、嫩叶柄、花梗、花蕾及心皮密被平伏短绢毛，其余无毛。叶揉碎有八角气味，薄革质，倒卵形或椭圆状倒卵形，长 6~13cm，宽 5~5.5cm，先端尖，尖头钝，基部宽楔形，侧脉每边 8~10 条，网脉细密，侧脉及网脉两面均凸起；叶柄无托叶痕。花蕾长圆体形，长约 2cm，花梗长约 1cm，花芳香，花被片 9，3 轮，外轮膜质，条形，长约 1.5cm，宽约 2mm，内两轮肉质，狭椭圆形，长 1.5~2cm，宽约 6mm；雄蕊约 25 枚，长 8~9mm，药隔伸出长约 1~1.5mm 的锐尖头；雌蕊群卵圆形，心皮约 10 枚，狭椭圆体形，长 6~7mm，背面有 5 条纵棱，花柱长约 2mm，外卷，胚珠 6~8。聚合蓇葖果灰黑色，椭圆体形，果瓣质厚，熟时向外反卷，露出白色内皮；种子 1~4 枚。花期 3~4 月，果期 9~10 月。

## 【地理分布】

产于海南、广西西南部、云南。

## 【野外生境】

生于海拔 300~800m 的山坡、沟谷林中。

## 【价值用途】

木材纹理直、结构细、耐腐、施工易、少开裂变形，并可作调味品或药用，有较高保健价值。

## 【资源现状】

三峡植物园 2015 年引种栽培生长正常。

## 【濒危原因】

森林遭严重破坏，致生境恶化；人为不合理利用导致野生植株数量逐渐减少，种群天然更新困难。

## 【保护措施】

建立自然保护小区，加强野生资源就地保护；开展人工育苗、工程造林及辅助天然更新。

## 【繁殖技术】

种子繁殖。

# 乐东拟单性木兰

拉 丁 名：*Parakmeria lotungensis*（Chun et C. Tsoong）Law
英文名称：Parakmeria lotungensis

科　　属：木兰科（Magnoliaceae）拟单性木兰属（*Parakmeria*）
保护级别：国家二级保护植物

## 【形态特征】

常绿乔木，树皮灰白色；叶革质，狭倒卵状椭圆形、倒卵状椭圆形或狭椭圆形，长 6~11cm，宽 2~3.5（5）cm，先端尖而尖头钝，基部楔形，或狭楔形；上面深绿色，有光泽；侧脉每边 9~13 条，干时两面明显凸起，叶柄长 1~2cm。花杂性，雄花两性花异株；雄花花被片 9~14，外轮 3~4 片浅黄色，倒卵状长圆形，长 2.5~3.5cm，宽 1.2~2.5cm，内 2~3 轮白色；雄蕊 30~70 枚，雄蕊长 9~11mm，花药长 8~10mm，花丝长 1~2mm，药隔伸出成短尖，花丝及药隔紫红色；有时具 1~5 心皮的两性花，雄花花托顶端长锐尖，有时具雌蕊群柄；两性花：花被片与雄花同形而较小，雄蕊 10~35 枚，雌蕊群卵圆形，绿色，具雌蕊 10~20 枚。聚合果卵状长圆形或椭圆状卵圆形；种子椭圆形或椭圆状卵圆形，外种皮红色。花期 4~5 月，果期 8~9 月。

## 【地理分布】

产于江西、福建、湖南、广东北部、海南、广西、贵州东南部。

## 【野外生境】

生于海拔 700~1400m 肥沃的阔叶林中。

## 【价值用途】

拟单性木兰属是我国特有的寡种属，本种花杂性，心皮有时退化为数枚至一枚，为木兰科中少见的类群，对研究木兰科植物系统发育有学术价值，亦是珍贵的用材树种和城乡绿化树种。

## 【资源现状】

三峡植物园收集保存的种苗能正常生长、开花。

## 【濒危原因】

人类不合理利用，及生境片断化导致野生资源种群自然恢复困难。

## 【保护措施】

加强野生资源就地保护，建立自然保护小区，对零星分布古树、大树加以保护，开展人工繁殖栽培研究，辅助天然更新。

## 【繁殖技术】

种子繁殖，嫁接繁殖。

# 峨眉含笑

拉 丁 名：*Michelia wilsonii* Finet et Gagn.

英文名称：Michelia wilsonii

科　　属：木兰科（Magnoliaceae）含笑属（*Michelia*）

保护级别：国家二级保护植物

主要别名：威氏黄心树、眉白兰木兰

## 【形态特征】

乔木，顶芽圆柱形。叶革质，倒卵形、狭倒卵形、倒披针形，长 10~15cm，宽 3.5~7cm，先端短尖或短渐尖，基部楔形或阔楔形，上面无毛，有光泽，下面灰白色，疏被白色有光泽的平伏短毛，侧脉纤细，网脉细密，干时两面凸起；叶柄长 1.5~4cm，托叶痕长 2~4mm。花黄色，芳香，直径 5~6cm；花被片带肉质，9~12 片，倒卵形或倒披针形，长 4~5cm，宽 1~2.5cm，内轮的较狭小；雄蕊长 15~20mm，花药长约 12mm，内向开裂，药隔伸出长约 1mm 的短尖头，花丝绿色，长约 2mm；雌蕊群圆柱形，长 3.5~4cm；雌蕊长约 6mm，子房卵状椭圆体形，密被银灰色平伏细毛，花柱约与子房等长；胚珠约 14 枚。花梗具 2~4 苞片脱落痕。聚合果长 12~15cm，果托扭曲；蓇葖紫褐色，长圆体形或倒卵圆形，长 1~2.5cm，具灰黄色皮孔，顶端具弯曲短喙，成熟后开裂。花期 3~5 月，果期 8~9 月。

## 【地理分布】

分布于湖北西部地区，四川中部、西部，重庆、贵州遵义各地以及梵净山、雷公山也有分布。

## 【野外生境】

生于海拔 700~1600m 的山坡、沟谷林中。喜温暖、湿润、多雨、日照少、常年多云雾的气候环境，喜肥沃、疏松、湿润且排水良好的阴坡、半阴坡。

## 【价值用途】

古老孑遗树种，对于研究木兰科植物的系统发育、植物区系等有科学价值。木材为制车船、家具、乐器、图版、雕刻等良材；花、叶含芳香油，可提浸膏；树皮和花均可入药；种子油供工业用；树形美观，花美丽芳香，可供庭园观赏，也可作适生地区的主要造

林树种。

## 【资源现状】

三峡植物园收集保存的种苗生长良好。

## 【濒危原因】

森林遭严重破坏，致生境恶化，人为不合理利用导致野生植株数量逐渐减少，种群天然更新困难。

## 【保护措施】

加强野生资源就地保护；开展人工育苗、工程造林及辅助天然更新。

## 【繁殖技术】

种子繁殖，嫁接繁殖。

# 蜡 梅

拉 丁 名：*Chimonanthus praecox* (Linn.) Link　　　英文名称：Chimonanthus praecox、Wintersweet flower

科　　属：蜡梅科（Calycanthaceae）蜡梅属（*Chimonanthus*）　　保护级别：国家二级保护植物

主要别名：然黄梅、黄梅花、金梅、蜡花、蜡木、麻木紫、石凉茶

## 【形态特征】

　　落叶灌木。鳞芽通常着生于第二年生的枝条叶腋内，芽鳞片近圆形。叶纸质至近革质，卵圆形至卵状椭圆形，长 5~25cm，宽 2~8cm，顶端急尖至渐尖，基部急尖至圆形，叶面粗糙。先花后叶，芳香，直径 2~4cm；花被片黄色，基部有爪；雄蕊 5~6，并具退化雄蕊；心皮基部被疏硬毛，花柱长达子房 3 倍。果托近木质化，坛状或倒卵状椭圆形，长 2~5cm，直径 1~2.5cm，口部收缩，并具有钻状披针形的被毛附生物。花期 11 月至翌年 3 月，果期 4~11 月。

## 【地理分布】

　　在湖北分布于恩施、巴东、宜昌、长阳、五峰、秭归、兴山、神农架、房县、十堰、竹山、竹溪、郧县、郧西、保康、崇阳、通山等地。

## 【野外生境】

　　生于海拔 1200m 以下的山地林中。

## 【价值用途】

　　蜡梅为珍贵的园林观赏植物，各地有栽培。

## 【资源现状】

　　三峡植物园蜡梅资源保存良好，已开花结果，并繁育苗木。

## 【濒危原因】

　　人为不合理利用林地资源，导致野生植株数量逐渐减少。

## 【保护措施】

　　加强野生资源就地保护；开展人工育苗、工程造林及辅助天然更新。

## 【繁殖技术】

　　种子繁殖。

# 夏蜡梅

拉 丁 名：*Calycanthus chinensis* Cheng et S. Y. Chang
科　　属：蜡梅科（Calycanthaceae）夏蜡梅属（*Calycanthus*）
主要别名：牡丹木、黄枇杷、大叶柴、蜡木、黄梅花

英文名称：Calycanthus chinensis
保护级别：国家二级保护植物

## 【形态特征】

高 1~3m；树皮灰白色或灰褐色，皮孔凸起；小枝对生，无毛或幼时被疏微毛；芽藏于叶柄基部之内。叶宽卵状椭圆形、卵圆形或倒卵形，基部两侧略不对称，叶缘全缘或有不规则的细齿，叶面有光泽，略粗糙，无毛，叶背幼时沿脉上被褐色硬毛，老渐无毛。花无香气，直径 4.5~7cm；花梗长 2~2.5cm，有时达 4.5cm，着生有苞片 5~7 个，苞片早落，落后有疤痕；外花被片白色，边缘淡紫红色，有脉纹，内花被片中部以上淡黄色，中部以下白色，内面基部有淡紫红色斑纹。果托钟状或近顶口紧缩；瘦果。花期 5 月中下旬，果期 10 月上旬。

## 【地理分布】

分布于浙江昌化及天台等地。

## 【野外生境】

生于海拔 600~1000m 山地、沟边林阴下。

## 【价值用途】

中国特有的珍稀野生花卉，为第三纪子遗物种，具有较高科研价值。花、根可入药，花朵大而美丽，具有较高的观赏价值及园林应用价值。

## 【资源现状】

三峡植物园收集保存种苗 60 株，生长状况良好，夏季正常开花。

## 【濒危原因】

中国夏蜡梅分布范围极为狭窄，森林砍伐严重，导致生态环境恶化，天然分布区不断缩小。

## 【保护措施】

就地保护野生种质资源，人工辅助天然更新，繁

殖苗木应用于园林景观栽培。

## 【繁殖技术】

种子繁殖。

# 樟 树 樟 科

拉 丁 名：*Cinnamomum camphora* (L.) Presl
英文名称：Camphor tree
科　　属：樟科（Lauraceae）樟属（*Cinnamomum*）
保护级别：国家二级保护植物
主要别名：香樟、芳樟、樟木（南方各省）、乌樟（四川）、瑶人柴（广西融水）

## 【形态特征】

常绿乔木，高可达30m。枝和叶都有樟脑味。叶互生，薄革质，卵形，长6~12cm，宽3~6cm，下面灰绿色，两面无毛，有离基三出脉，脉腋有明显的腺体。圆锥花序腋生，长5~7.5cm；花小，两性，淡黄绿色；花被片6，椭圆形，长约2mm，内面密生短柔毛；能育雄蕊9，花药4室，第三轮雄蕊花药外向瓣裂；子房球形，无毛。核果球形，直径6~8mm，紫黑色；果托杯状。花期4~5月，果期8~9月。

## 【地理分布】

我国南方及西南各省区都有分布或栽培，越南、朝鲜、日本也有分布，其他各国常有引种栽培。

## 【野外生境】

常生于山坡或沟谷中，南方各地均有栽培。

## 【价值用途】

亚热带地区重要的乡土用材树种和优良园林绿化树种，亦是特种经济树种，樟脑和樟油供医药及香料工业用，其药用价值和文化价值亦很高。

## 【资源现状】

湖北各地都有栽培，樟树在三峡植物园已经成为优势树种。

## 【濒危原因】

森林遭严重破坏，致生境恶化，人为不合理利用导致野生植株数量逐渐减少，遗传多样性狭窄。

## 【保护措施】

加强野生资源就地保护；开展人工育苗、工程造林及辅助天然更新。

## 【繁殖技术】

种子繁殖。

# 油 樟

拉 丁 名：*Cinnamomum longepaniculatum* (Gamble) N. Chao ex H. W. Li

英文名称：Cinnamomum longepaniculatum

科　　属：樟科（Lauraceae）樟属（*Cinnamomum*）

主要别名：香叶子树、香樟、黄葛树、樟木（四川）

保护级别：国家二级保护植物，近危种

【形态特征】

常绿乔木。树皮灰色，光滑。枝条圆柱形，无毛，幼枝纤细，多少压扁，无毛。叶互生，卵形或椭圆形，长6~12cm，宽3.5~6.5cm，先端骤然短渐尖至长渐尖，常呈镰形，基部楔形至近圆形，边缘软骨质，内卷，薄革质，上面深绿色，光亮，下面灰绿色，晦暗，两面无毛，羽状脉，侧脉每边约4~5条，最下一对侧脉有时对生因而呈离基三出脉状，中脉与侧脉两面凸起；叶柄淡绿色，稍带红，无毛。圆锥花序腋生，纤细，具分枝；花淡黄色，有香气，两性；花梗纤细，无毛；花被裂片6；能育雄蕊9，花丝无腺体；子房卵珠形，花柱纤细。核果球形，绿色。

【地理分布】

中国特产，主产四川宜宾。在湖北零星分布于恩施、巴东、利川、鹤峰、长阳和南漳等地，在湖南、广东、重庆、云南也有分布。

【野外生境】

生于海拔500~1400m的常绿阔叶林中。

【价值用途】

油樟为著名的油料植物，是生产桉叶醇的重要原料，也是速生造林绿化树种。

【资源现状】

在湖北省的原分布区保存状况良好。三峡植物园有栽培。

【濒危原因】

森林遭严重破坏，致生境恶化，人为不合理利用导致野生植株数量逐渐减少，遗传多样性狭窄。

【保护措施】

加强野生资源就地保护；开展人工育苗、工程造林及辅助天然更新。

【繁殖技术】

种子繁殖，扦插繁殖。

# 川 桂

| | |
|---|---|
| 拉 丁 名：*Cinnamomum wilsonii* Gamble | 英文名称：Cinnamomum wilsonii |
| 科 属：樟科（Lauraceae）樟属（*Cinnamomum*） | 保护级别：珍稀濒危 |
| 主要别名：官桂、三条筋、臭樟、柴桂、桂皮树、大叶叶子树、臭樟木 | |

## 【形态特征】

常绿乔木，高可达20m。幼枝具棱，紫灰褐色。叶互生或近对生，革质，卵形或长卵形，长8~18cm，宽3~5cm，上面绿色，有光泽，无毛，下面苍白色，幼时被绢状白毛，后渐脱落，边缘为软骨状而反卷，具离基三出脉，在叶下面不隆起；叶柄长1~1.5cm。腋生圆锥花序长4.5~10cm，总花梗细长，长1~6cm；花梗丝状，长6~20mm；花白色，两性；花被片6，卵形，长4~5mm，两面疏生绢状毛；能育雄蕊9，花药4室，第三轮雄蕊花药外向瓣裂；子房卵形。核果卵状，具漏斗状、全缘果托。

## 【地理分布】

在湖北零星分布于十堰、恩施等地，在广东、广西、湖南、四川、重庆、贵州和云南也有分布。

## 【野外生境】

生于海拔300~2500m的山谷或山坡的林中或沟边。

## 【价值用途】

茎、枝、叶和果含芳香油，用于食品、皂用香精的调合；树皮供药用，有驱风散寒等功效。

## 【资源现状】

三峡植物园2002年开始引种栽培，生长状况良好，能正常开花结果。

## 【濒危原因】

森林遭严重破坏，致生境恶化，人为不合理利用导致野生植株数量逐渐减少，遗传多样性狭窄。

## 【保护措施】

加强野生资源就地保护；开展人工育苗、工程造林及辅助天然更新。

## 【繁殖技术】

种子繁殖。

# 天竺桂

拉 丁 名：*Cinnamomum japonicum* Sieb.
科　　属：樟科（Lauraceae）樟属（*Cinnamomum*）
主要别名：山玉桂、土桂、土肉桂、山肉桂、竺香、大叶天竺桂、普陀樟

英文名称：Cinnamomum japonicum
保护级别：国家二级保护植物、近危种

## 【形态特征】

常绿乔木。枝条细弱，无毛。叶近对生，卵圆状长圆形至长圆状披针形，长 7~10cm，宽 3~3.5cm，先端锐尖至渐尖，基部宽楔形或钝形，革质，两面无毛，离基三出脉，中脉直贯叶端，在叶片上部有少数支脉；叶柄粗壮，无毛。圆锥花序腋生，长 3~10cm，无毛。花被筒倒锥形，花被裂片，能育雄蕊 9，花药 4 室。退化雄蕊 3。子房卵珠形，略被微柔毛，花柱稍长于子房，柱头盘状。果长圆形，长 7mm，宽达 5mm，无毛；果托浅杯状，顶部极开张，边缘全缘或具浅圆齿。花期 4~5 月，果期 7~9 月。

## 【地理分布】

产江苏、浙江、安徽、江西、福建及台湾，朝鲜、日本也有分布。

## 【野外生境】

生于海拔 300~1000m 或以下低山或近海的常绿阔叶林中。

## 【价值用途】

天竺桂可提取芳香油，也是优良的用材树种和园林绿化树种。

## 【资源现状】

浙江普陀岛已建立国家重点风景保护区，严禁砍伐。杭州植物园及南京中山植物园已引种栽培。三峡植物园自 2002 年引种栽培，速生，已开花结实，种子可天然更新，不耐 -5℃ 以下低温。

## 【濒危原因】

因人类活动导致生境破碎，野生资源被直接采挖或砍伐，分布范围不断缩小。

## 【保护措施】

保护野生种群，减少人为破坏，加大人工繁育力度。

## 【繁殖技术】

种子繁殖。

# 黑壳楠

拉 丁 名：*Lindera megaphylla* Hemsl.　　　　　英文名称：Lindera megaphylla
科　　属：樟科（Lauraceae）山胡椒属（*Lindera*）　　保护级别：国家三级保护植物
主要别名：枇杷楠、大楠木、鸡屎楠、猪屎楠、花兰、八角香、楠木

## 【形态特征】

常绿乔木。枝条圆柱形，粗壮，紫黑色，无毛，散布有木栓质凸起的近圆形纵裂皮孔。叶互生，倒披针形至倒卵状长圆形，有时长卵形，先端急尖或渐尖，基部渐狭，革质，上面深绿色，有光泽，下面淡绿苍白色，两面无毛；羽状脉；叶柄无毛。伞形花序多花，雄的多达 16 朵，雌的 12 朵；雌雄花序均密被黄褐色或有时近锈色微柔毛，内面无毛。雄花黄绿色，具梗；花被片 6，椭圆形，外面仅下部或背部略被黄褐色小柔毛，内轮略短；花丝被疏柔毛，第三轮的基部有二个具柄的三角漏斗形腺体；子房卵形，无毛，花柱极纤细，柱头盾形，具乳突。果椭圆形至卵形，成熟时紫黑色，无毛。花期 2~4 月，果期 9~12 月。

## 【地理分布】

分布于湖北神农架、云南、贵州、四川、重庆、湖南、江西、福建、台湾、广东、广西、安徽和陕西等地。

## 【野外生境】

生于山坡、谷地湿润常绿阔叶林或灌丛中。

## 【价值用途】

经济用材树种，亦做园林绿化树种。

## 【资源现状】

三峡植物园 2002 年引种栽培，速生，能正常生长结实，种子可播种育苗。

## 【濒危原因】

森林遭严重破坏，致生境恶化，人为不合理利用导致野生植株数量逐渐减少，遗传多样性狭窄。

## 【保护措施】

加强野生资源就地保护；开展人工育苗、工程造林及辅助天然更新。

## 【繁殖技术】

种子繁殖。

# 润 楠

拉 丁 名：*Machilus pingii* Cheng ex Yang
科　　属：樟科（Lauraceae）润楠属（*Machilus*）

英文名称：Machilus pingii
保护级别：国家二级保护植物

## 【形态特征】

常绿乔木。顶芽卵形，鳞片近圆形，浅棕色。单叶互生，全缘，椭圆形或椭圆状倒披针形，长 5~10（13.5）cm，宽 2~5cm，先端渐尖或尾状渐尖，尖头钝，基部楔形，革质，嫩叶的下面和叶柄密被灰黄色小柔毛。圆锥花序生于嫩枝基部，4~7 个，长 5~6.5（9）cm，有灰黄色小柔毛，在上端分枝；花小，长约 3mm，直径 4~5mm，两性，带绿色；花被裂片 6，长圆形，有纵脉 3~5 条；能育雄蕊 9，第三轮雄蕊的腺体戟形，有柄，退化雄蕊基部有毛；子房卵形，花柱纤细，均无毛，柱头略扩大。核果扁球形，黑色，直径 7~8mm。花期 4~6 月，果期 7~8 月。

## 【地理分布】

分布于四川。

## 【野外生境】

生于海拔 1000m 以下的林中。

## 【价值用途】

经济用材树种，亦做园林绿化树种。茎、叶、皮药用，治霍乱、吐泻不止，抽筋及足肿。

## 【资源现状】

三峡植物园 2015 年引种栽培，已收集、营建润楠属 10 个种的种质资源保存库和比较试验林，生长状况良好，暂未看到开花结果。

## 【濒危原因】

自然生境破坏严重，种子自然萌发保存率低。

## 【保护措施】

保护自然生境，加大人工繁育力度。

## 【繁殖技术】

种子繁殖。

# 黔桂润楠

拉 丁 名：*Machilus chienkweiensis* S. Lee
英文名称：Machilus chienkweiensis

科　　属：樟科（Lauraceae）润楠属（*Machilus*）
保护级别：珍稀濒危植物

## 【形态特征】

常绿乔木。枝条稍粗壮，黄绿色至紫褐色，节上有紧密的多轮芽鳞疤痕。叶椭圆形或长椭圆形，先端渐尖，基部楔形，薄革质，上面光亮，深绿色，下面稍粉绿色，两面无毛，中脉上面凹陷，成为狭沟，下面凸起，侧脉每边（8）10~12条，稍纤细，在两面稍凸起，小脉密网状，在两面构成蜂窝状或小窝状；叶柄纤细，长 1.2~2（2.5）cm。花未见。果序短小，生新枝下端，无毛，总梗带红色。果球形，直径约 2.2cm，嫩时绿色，薄被白粉；花被裂片外面无毛；果梗长约 7mm，粗约 2mm，宿存带红色；种子的胚乳有胶质。果期 6~7 月。

## 【地理分布】

产广西北部、贵州东南部。

## 【野外生境】

生海拔 800~1100m 的山谷阔叶混交密林或疏林中，或见于沟边。

## 【价值用途】

优良园林绿化造林树种。

## 【资源现状】

三峡植物园 2015 年引种栽培，已收集、营建润楠属种质资源保存库和比较试验林，生长状况良好，暂未看到开花结果。

## 【濒危原因】

森林遭严重破坏，致生境恶化，人为不合理利用导致野生植株数量逐渐减少，遗传多样性狭窄。

## 【保护措施】

加强野生资源就地保护；开展人工育苗、工程造林及辅助天然更新。

## 【繁殖技术】

播种繁殖，扦插繁殖。

# 芳槁润楠

拉 丁 名：*Machilus suaveolens* S. Lee 英文名称：Machilus suaveolens
科　　属：樟科（Lauraceae）润楠属（*Machilus*） 保护级别：珍稀濒危植物

## 【形态特征】

常绿乔木。叶长椭圆形、倒卵形至倒披针形，先端钝急尖或短渐尖，基部急短尖，薄革质，上面稍光亮，下面粉绿色，干后带褐色，有绢状微毛，但嫩叶两面均有绢状微小柔毛，且在叶背较密，中脉上面下陷，有微毛，下面明显突起，侧脉每边7~8条，纤细，两面都只稍微凸起，网脉极纤细，结成密网状，在放大镜下可见；叶柄有绢毛。圆锥花序，长4~8cm，密被绢状毛，总梗长3~5.5cm，有花3朵；花稀疏，白色或淡黄色，香，花梗线状，长约5mm，花被裂片等长，长圆形，两面均有绢状毛，内面毛被较稀疏，外轮裂片稍狭；雄蕊长3mm，基部有黄色束毛，第三轮雄蕊腺体近肾形，有短柄；子房球形，花柱较子房长，略弯曲，柱头稍扩大，2浅裂。果稍纤细，有绢毛，球形黑色。

## 【地理分布】

广东、广西。

## 【野外生境】

生长在低海拔的阔叶混交疏林或密林中。

## 【价值用途】

优良的用材树种。

## 【资源现状】

三峡植物园2015年引种栽培，已收集、营建润楠属种质资源保存库和比较试验林，生长状况良好，暂未看到开花结果。

## 【濒危原因】

森林遭严重破坏，致生境恶化，人为不合理利用导致野生植株数量逐渐减少，遗传多样性狭窄。

## 【保护措施】

加强野生资源就地保护；开展人工育苗、工程造林及辅助天然更新。

## 【繁殖技术】

种子繁殖。

# 舟山新木姜子

拉 丁 名：*Neolitsea sericea* (Bl.) Koidz.

科　　属：樟科（Lauraceae）新木姜子属（*Neolitsea*）

主要别名：五爪楠、男刁樟、佛光树

英文名称：Neolitsea sericea

保护级别：国家二级保护植物

## 【形态特征】

常绿乔木。树皮灰白色，平滑。叶互生，椭圆形至披针状椭圆形，两端渐狭，而先端钝，革质，幼叶两面密被金黄色绢毛，老叶上面毛脱落呈绿色而有光泽，下面粉绿，有贴伏黄褐或橙褐色绢毛，离基三出脉，侧脉每边4~5条，先端弧曲联结，其余侧脉自中脉中部或中上部发出，中脉和侧脉在叶两面均突起，横脉两面明显；叶柄粗壮长2~3cm。伞形花序簇生叶腋或枝侧，无总梗；每一花序有花5朵；花梗长3~6mm，密被长柔毛；花被裂片椭圆形；雄花：能育

雄蕊6，花丝基部有长柔毛，第三轮基部腺体肾形，有柄；具退化雌蕊；雌花：退化雄蕊基部有长柔毛；子房卵圆形，无毛，花柱稍长，柱头扁平，果球形，径约1.3cm；果托浅盘状。

## 【地理分布】

分布于浙江（舟山）及上海（崇明），朝鲜、日本也有分布。

## 【野外生境】

生于山坡林中。

## 【价值用途】

珍贵的庭园观赏树及行道树，上等用材树种，对研究东亚植物区系和海岛植物区系有重要意义，文化内涵深厚。

## 【资源现状】

舟山新木姜子是舟山海岛特有树种，具有生长适应性强，引种范围广，耐盐碱，发展潜力大的优点，深受人们青睐，三峡植物园2002年引种栽培，可正常生长，未见开花。

## 【濒危原因】

森林遭严重破坏，致生境恶化，人为不合理利用导致野生植株数量逐渐减少，遗传多样性狭窄。

## 【保护措施】

加强现有自然居群的就地保护，促进居群自然更新；建立种质资源库，收集不同岛屿的种源进行混合繁殖，促进基因交流；选育优良品系用于海岛植被恢复及园林观赏。

## 【繁殖技术】

种子繁殖，扦插繁殖。

# 闽 楠

拉 丁 名：*Phoebe bournei* (Hemsl.) Yang

科　　属：樟科（Lauraceae）楠属（*Phoebe*）

主要别名：桢楠、竹叶楠、兴安楠木

英文名称：Phoebe bournei

保护级别：易危种，国家二级保护植物

## 【形态特征】

常绿大乔木。树干通直，分枝少；老的树皮灰白色，新的树皮带黄褐色。小枝有毛或近无毛。叶互生，革质或厚革质，披针形或倒披针形，长7~15cm，宽2~4cm，先端渐尖或长渐尖，基部渐狭或楔形，上面发亮，下面有短柔毛，脉上被伸展长柔毛，有时具缘毛，侧脉每边10~14条，横脉及小脉多而密，在下面结成十分明显的网格状。花序生于新枝中、下部，被毛，为紧缩不开展的圆锥花序；花两性；花被裂片6，卵形，两面被短柔毛；能育雄蕊9。浆果状核果椭圆形或长圆形，长1~1.5cm，径6~7mm；宿存花被片被毛，紧贴。

## 【地理分布】

在湖北分布于咸丰、来凤、宣恩、鹤峰、利川、恩施、建始、巴东、长阳、宜昌、兴山、秭归、神农架、保康、南漳、广水、十堰等地，在江西、福建、浙江南部、广东、广西北部及东北部、湖南、贵州东南及东北部也有分布。

## 【野外生境】

生于海拔600~1700m的山地沟谷阔叶林中。

## 【价值用途】

闽楠干形通直，木材芳香耐久，是珍贵的用材树种，也可作园林观赏树种。

## 【资源现状】

三峡植物园2015年收集栽培，保存植株生长状况良好，已通过播种繁殖培育幼苗。

## 【濒危原因】

森林遭严重破坏，致生境恶化，人为不合理利用导致野生植株数量逐渐减少，遗传多样性狭窄。

## 【保护措施】

加强野生资源就地保护；开展人工育苗、工程造林及辅助天然更新。

## 【繁殖技术】

种子繁殖，扦插繁殖。

# 紫楠

拉 丁 名：*Phoebe sheareri* (Hemsl.) Gamble      英文名称：Phoebe sheareri

科　　属：樟科（Lauraceae）楠属（*Phoebe*）     保护级别：珍稀濒危植物

主要别名：紫金楠、金心楠、金丝楠、黄心楠

## 【形态特征】

大灌木至乔木，树皮灰白色。小枝、叶柄及花序密被黄褐色或灰黑色柔毛或绒毛。叶革质，倒卵形、椭圆状倒卵形或阔倒披针形，长 8~27cm，宽 3.5~9cm，通常长 12~18cm，宽 4~7cm，先端突渐尖或突尾状渐尖，基部渐狭，上面完全无毛或沿脉上有毛，下面密被黄褐色长柔毛，少为短柔毛，侧脉每边 8~13 条，弧形，在边缘联结，横脉及小脉多而密集，结成明显网格状；叶柄长 1~2.5cm。圆锥花序长 7~15（18）cm，在顶端分枝；花长 4~5mm；花被片近等大，卵形，两面被毛；能育雄蕊各轮花丝被毛；子房球形，无毛，花柱通常直，柱头不明显或盘状。果卵形，长约 1cm，直径 5~6mm，果梗略增粗，被毛；种子单胚性，两侧对称。

## 【地理分布】

分布于长江流域及以南地区和西南各省，中南半岛亦有分布。

## 【野外生境】

生于海拔 1000m 以下的阴湿山谷和杂木林中。

## 【价值用途】

优良园林绿化及用材树种，也可做防护林。根、枝、叶均可提炼芳香油，供医药或工业用；种子可榨油，供制皂和作润滑油。

## 【资源现状】

紫楠是楠属中分布江苏的唯一种，是重点保护物种。三峡植物园 2014、2015 年收集种质资源进行保存培育，生长状况良好。

## 【濒危原因】

人为不合理利用导致野生植株数量逐渐减少，遗传多样性狭窄。

## 【保护措施】

开展人工育苗、工程造林及辅助天然更新。

## 【繁殖技术】

种子繁殖。

# 桢 楠

拉 丁 名：*Phoebe zhennan* S. Lee et F. N. Wei　　英文名称：Phoebe zhennan

科　　属：樟科（Lauraceae）楠属（*Phoebe*）　　保护级别：易危种，国家二级保护植物

主要别名：雅楠、香楠

## 【形态特征】

大乔木，树干通直。芽鳞被灰黄色贴伏长毛。小枝通常较细，有棱或近于圆柱形，被灰黄色或灰褐色长柔毛或短柔毛。叶革质，椭圆形，少为披针形或倒披针形，先端渐尖，基部楔形，上面光亮无毛或沿中脉下半部有柔毛，下面密被短柔毛，脉上被长柔毛，侧脉每边 8~13 条，斜伸，近边缘网结，不与横脉构成网格状或很少呈模糊的小网格状；叶柄细，被毛。聚伞状圆锥花序十分开展，被毛，纤细，每伞形花序有花 3~6 朵，一般为 5 朵；花中等大，长 3~4mm，花梗与花等长；花被片近等大，外轮卵形，内轮卵状长圆形，先端钝，两面被灰黄色长或短柔毛，内面较密；花丝具柄，被毛；子房球形，无毛或上半部与花柱被疏柔毛，柱头盘状。果椭圆形，长 1.1~1.4cm，直径 6~7mm；果梗微增粗；宿存花被片卵形、革质、紧贴，两面被短柔毛或外面被微柔毛。

## 【地理分布】

在湖北等地分布较广，在贵州西北部及四川也有分布。

## 【野外生境】

多见于海拔 1500m 以下的阔叶林中。

## 【价值用途】

我国著名的珍贵用材树种和园林观赏树种。

## 【资源现状】

人为砍伐严重，导致野生资源减少，大树保存量渐少，各界已经加强了保护。三峡植物园 2015 年收集保存,幼苗春季栽植成活率高（冬季栽植易冻稍），生长状况良好，可正常开花、结果。

## 【濒危原因】

森林遭严重破坏，致生境恶化，人为不合理利用导致野生植株数量逐渐减少，遗传多样性狭窄。

## 【保护措施】

加强野生资源就地保护；开展人工育苗、工程造林及辅助天然更新。

## 【繁殖技术】

种子繁殖。

# 浙江楠

拉 丁 名：*Phoebe chekiangensis* C. B. Shang

科　　属：樟科（Lauraceae）楠属（*Phoebe*）

主要别名：浙江紫楠

英文名称：Phoebe chekiangensis

保护级别：国家二级保护植物

## 【形态特征】

大乔木，树干通直；树皮淡褐黄色，薄片状脱落，具明显的褐色皮孔。小枝有棱，密被黄褐色或灰黑色柔毛或绒毛。叶革质，倒卵状椭圆形或倒卵状披针形，少为披针形，长 7~17cm，宽 3~7cm，通常长 8~13cm，宽 3.5~5cm，先端突渐尖或长渐尖，基部楔形或近圆形，上面初时有毛，后变无毛或完全无毛，下面被灰褐色柔毛，脉上被长柔毛，中、侧脉上面下陷，侧脉每边 8~10 条，横脉及小脉多而密，下面明显；叶柄长 1~1.5cm，密被黄褐色绒毛或柔毛。圆锥花序长 5~10cm，密被黄褐色绒毛；花长约 4mm，花梗长 2~3mm；花被片卵形，两面被毛，第一、二轮花丝疏被灰白色长柔毛，第三轮密被灰白色长柔毛，退化雄蕊箭头形，被毛；子房卵形，无毛，花柱细，直或弯，柱头盘状。果椭圆状卵形，熟时外被白粉；宿存花被片革质，紧贴。种子两侧不等，多胚性。

## 【地理分布】

产浙江西北部及东北部、福建北部、江西东部。

## 【野外生境】

生于山地，阔叶林中。

## 【价值用途】

优良用材树种，也可作园林绿化树种，是华东地区特产珍稀树种，在植物区系研究上有较高学术意义。

## 【资源现状】

三峡植物园 2002 年收集保存，生长繁殖状况良好，已开花结果，种子能天然更新，已开展生产造林。

## 【濒危原因】

森林遭严重破坏，致生境恶化，人为不合理利用导致野生植株数量逐渐减少，遗传多样性狭窄。

## 【保护措施】

加强野生资源就地保护；开展人工育苗、工程造林及辅助天然更新。

## 【繁殖技术】

种子繁殖。

# 滇 楠

拉 丁 名：*Phoebe nanmu* (Oliv.) Gamble
科　　属：樟科（Lauraceae）楠属（*Phoebe*）
主要别名：滇润楠

英文名称：Phoebe nanmu
保护级别：国家三级保护植物

## 【形态特征】

乔木。芽鳞密被黄褐色短柔毛。小枝较细，近圆柱形或略显棱角，一年生枝密被黄褐色短柔毛，二年生枝变无毛或有疏柔毛。叶薄革质，倒卵状阔披针形或长圆状倒披针形，先端渐尖或短尖，基部楔形，不下延，下面被黄褐色短柔毛，中脉粗壮，上面下陷，侧脉每边 6~8（10）条，弧形，在边缘网结并渐消失，横脉及小脉在下面联结成明显的网状；叶柄粗，被毛。圆锥花序生于新枝下部，被黄色或灰白色柔毛，少为绢状毛，长 6~15cm，在最末端分枝；花小，花梗与花近等长，被毛；花被片近相等，卵圆形，花后伸长，为近长圆形，两面被柔毛或绢状毛，外面毛被较密；子房卵形。果卵形，无毛；果梗略增粗；宿存花被片变硬，革质，被毛。花期 3~5 月，果期 8~10 月。

## 【地理分布】

分布于西藏东南部、云南南部至西南部。

## 【野外生境】

生于海拔 900~1500m 的山地阔叶林中。

## 【价值用途】

材质优良，亦是优良园林观赏树种。

## 【资源现状】

三峡植物园 2015 年收集保存，生长状况良好，枝条年生长量 25~42cm，暂未看到开花结果。

## 【濒危原因】

野生资源分布零散，数量少，被不合理开发利用，有濒于灭绝的危险。

## 【保护措施】

加强对野生资源保护抚育工作。大力开展采种育

苗、引种栽培及推广种植。

## 【繁殖技术】

种子繁殖。

# 檫 木

拉 丁 名：*Sassafras tzumu* (Hemsl.)　　　　　英文名称：Sassafras tzumu

科　　属：樟科（Lauraceae）檫木属（*Sassafras*）

主要别名：檫树、南树、梓木、黄楸树、半风樟、鹅脚板、花楸树、刷木、梓木、犁火哄、桐梓树、青檫、山檫、南树、药树

## 【形态特征】

落叶乔木；树皮幼时黄绿色，平滑，老时变灰褐色，呈不规则纵裂。叶坚纸质，互生，聚集于枝顶，卵形或倒卵形，先端渐尖，基部楔形，全缘或 2~3 浅裂，裂片先端略钝，上面绿色，晦暗或略光亮，下面灰绿色，羽状脉或离基三出脉；叶柄纤细，鲜时常带红色，腹平背凸，无毛或略被短硬毛。花序顶生，先叶开放，多花，具梗，与序轴密被棕褐色柔毛，基部承有迟落互生的总苞片；花黄色，雌雄异株。雄花花被筒极短，花被裂片 6，披针形，先端稍钝；能育雄蕊 9，成三轮排列，花药均为卵圆状长圆形，4 室，上方 2 室较小，药室均内向，退化雄蕊 3，三角状钻形。雌花退化雄蕊 12，排成四轮；子房卵珠形，长约 1mm，无毛，花柱长约 1.2mm，等粗，柱头盘状。果近球形，成熟时蓝黑色而带有白蜡粉，着生于浅杯状的果托上，果梗上端渐增粗，无毛，与果托呈红色。

## 【地理分布】

分布于湖北各地区，浙江、江苏、安徽、江西、福建、广东、广西、湖南、四川、贵州及云南等地。四川乐山及湖南、安徽常有栽培。

## 【野外生境】

常生于海拔 150~1900m 的疏林或密林中。

## 【价值用途】

木材优良，根和树皮可入药。

## 【资源现状】

三峡植物园 2002 年收集栽培，早期生长状况良好，能正常开花结果，10 年生树易患根腐病，植株死亡率高。

## 【濒危原因】

森林遭严重破坏，致生境恶化，人为不合理利用导致野生植株数量逐渐减少，遗传多样性狭窄。

## 【保护措施】

加强野生资源就地保护；开展人工育苗、工程造林及辅助天然更新。

## 【繁殖技术】

种子繁殖。

# 伯乐树

## 伯乐树科

拉 丁 名：*Bretschneidera sinensis* Hemsl.

科　　属：伯乐树科（Bretschneideraceae）伯乐树属（*Bretschneidera*）

主要别名：冬桃、钟萼木

英文名称：Bretschneidera sinensis

保护级别：近危种，国家一级保护植物

### 【形态特征】

落叶乔木，可高达 20m。单数羽状复叶互生，长达 80cm；小叶 3~6 对，对生，矩圆形、狭卵形或倒狭卵形，不对称，长 9~20cm，宽 3.5~8cm，上面无毛，下面被短柔毛；叶柄长 10~18cm。总状花序顶生，长 20~30cm，总花梗、花梗及花萼均被褐色绒毛；花梗长 2~3cm；花直径约 4cm，两性；花萼钟形，具不明显 5 齿；花瓣 5，分离，覆瓦状排列，粉红色，长约 2cm，着生于花萼筒上部。蒴果椭圆球形或近球形，长 2~4cm，木质，厚约 2.5mm，种子近球形。花期 3~9 月，果期 5 月至翌年 4 月。

### 【地理分布】

在湖北分布于五峰、神农架、巴东、恩施、宣恩、鹤峰、利川、竹山、通山等地，四川、云南、重庆、贵州、广西、广东、湖南、江西、浙江、福建等地也有分布。

### 【野外生境】

生于海拔 500~1500m 的山地林中。

### 【价值用途】

中国特有的、古老的单种科孑遗种，对研究被子植物的系统发育和古地理、古气候等有重要科学价值。优良用材树种，珍贵园林观赏树种。

### 【资源现状】

三峡植物园收集保存的种苗长势良好，幼苗生长缓慢，生长周期长。

### 【濒危原因】

人为不合理利用导致野生植株数量逐渐减少。

### 【保护措施】

加强野生资源就地保护；开展人工育苗、工程造林及辅助天然更新。

### 【繁殖技术】

种子繁殖。

# 云南红景天

**景天科**

拉丁名：*Rhodiola yunnanensis* (Franch.) S. H. Fu

英文名称：Rhodiola yunnanensis

科　　属：景天科（Crassulaceae）红景天属（*Rhodiola*）

保护级别：国家二级保护植物

主要别名：云南景天、三台观音、铁脚莲（云南）

## 【形态特征】

多年生草本。根颈粗，直径可达 2cm，不分枝或少分枝，先端被卵状三角形鳞片。花茎单生或少数着生，高可达 100cm。3 叶轮生，卵状披针形或椭圆形，长 4~9cm，宽 2~6cm，边缘有疏锯齿，下面苍白绿色，无柄。聚伞圆锥花序，长 5~15cm，宽 2.5~8cm，多次三叉分枝；雌雄异株；雄花小，萼片 4，披针形，花瓣 4，黄绿色，匙形，雄蕊 8，较花瓣短，鳞片 4，楔状四方形；雌花萼片、花瓣各 4，绿色或紫色，线形，鳞片 4，近半圆形。蓇葖星芒状排列，基部合生。花期 5~7 月，果期 7~8 月。

## 【地理分布】

在湖北神农架有零星分布，在西藏、云南、贵州、四川各地有分布。模式标本采自四川飞越岭。

## 【野外生境】

生于海拔 2000~4000m 的山坡林下。

## 【价值用途】

全草药用，有消炎、消肿、接筋骨之效。

## 【资源现状】

三峡植物园收集保存资源少量，夏季采取侧方遮阳通风、土壤保湿措施能正常生长、开花。

## 【濒危原因】

野生资源遭采挖破坏严重，人为不合理利用导致野生植株数量逐渐减少。

## 【保护措施】

开展人工繁育研究，扩大种群数量。

## 【繁殖技术】

根茎繁殖，种子繁殖。

# 半枫荷

## 金缕梅科

拉 丁 名：*Semiliquidambar cathayensis* Chang
英文名称：Semiliquidambar cathayensis

科　　属：金缕梅科（Hamamelidaceae）半枫荷属（*Semiliquidambar*）
保护级别：国家二级保护植物

主要别名：金缕半枫荷、木荷树、小叶半枫荷、翻白叶树、阴阳叶

【形态特征】

常绿乔木。小枝无毛。叶簇生枝顶，革质，卵状椭圆形，长8~13cm，先端渐尖，基部宽楔形或近圆，不等侧，三出脉，或掌状3裂，两侧裂片三角形，有时单侧分叉，具锯齿；叶柄长3~4cm。短穗状雄花序组成总状，长6cm，雄蕊多数，花丝短，花药长1.2mm；头状雌花序单生，花序梗长4.5cm，萼齿针形，长2~5mm，花柱长6~8mm，卷曲，被毛。头状果序直径2.5cm，有蒴果22~28个，宿存萼齿比花柱短。花期2~3月，果实秋季成熟。

【地理分布】

分布于江西南部、广西北部、贵州南部、广东、海南岛等地。

【野外生境】

多散生于海拔700~1200m的山地常绿阔叶林中。

【价值用途】

半枫荷是金缕梅科新发现的寡种属植物，为我国特产，对研究金缕梅科系统发育有学术价值。优良用材树种，根、茎可入药。

【资源现状】

三峡植物园引种保存，生长状况良好，可正常开花结果。

【濒危原因】

分布星散，植株稀少珍贵，受人为破坏严重，天然更新不易。

【保护措施】

建立自然保护区加强保护，严禁砍伐野生资源。

【繁殖技术】

种子繁殖。

# 山白树

拉 丁 名：*Sinowilsonia henryi* Hemsl.    英文名称：Sinowilsonia henryi
科　　属：金缕梅科（Hamamelidaceae）山白树属（*Sinowilsonia*）    保护级别：国家二级珍稀濒危保护植物

## 【形态特征】

落叶灌木或小乔木；嫩枝及叶背均有星状绒毛，芽体裸露。叶纸质互生，倒卵形，长 10~18cm，宽 6~10cm，先端急尖，基部圆形或微心形，稍偏斜，下面有柔毛；侧脉 7~9 对；边缘密生小齿突，叶柄长 8~15mm；托叶早落。花单性、雌雄同株，稀两性花，排成总状或穗状花序。雄花有短柄，萼筒壶形，有星状绒毛，萼齿 5 个，窄匙形；花瓣不存在；雄蕊 5 个，与萼齿对生；无退化子房。雌花序穗状，花无柄，萼筒壶形，萼齿 5 个，无花瓣；退化雄蕊 5 个；子房上位，2 室，每室有 1 个垂生胚珠。蒴果木质，卵圆形，有星状绒毛，下半部被宿存萼筒所包裹，2 片裂开。种子 1 枚，黑色，长椭圆形。

## 【地理分布】

分布于湖北利川、咸丰、鹤峰、建始、巴东、五峰、宜昌、兴山、秭归、神农架、竹溪、竹山、房县、保康、谷城、十堰等地，四川、河南、陕西及甘肃等地也有分布。

## 【野外生境】

多散生于海拔 800~1600m 的山地常绿阔叶林中。

## 【价值用途】

山白树是第三纪遗留下来的古老物种，在系统发育上处于相对原始和孤立的地位，对研究被子植物的起源和早期演化以及我国植物区系的发生、演化具有重要价值。优良园林绿化、生态防护、经济用材树种，根、茎可入药，花、种子都有良好的食用及保健功能。

## 【资源现状】

现存自然种群极少，仅零星分布于秦岭、巴山、中条山等地区，濒于灭绝，鄂西海拔 1600m 有人工栽培，10 年生树平均地径 12cm，冠幅 4m，树高

6m。三峡植物园收集保存种苗生长状况一般。

## 【濒危原因】

分布零散，植株稀少珍贵，受人为破坏严重，天然更新不易。

## 【保护措施】

建立自然保护区加强保护、严禁砍伐，产区各植物园、树木园引种保存，各林场营造人工林。

## 【繁殖技术】

种子繁殖。

# 杜 仲

拉 丁 名：*Eucommia ulmoides* Oliver l. c.

英文名称：Eucommia ulmoides

科　　属：杜仲科（Eucommiaceae）杜仲属（*Eucommia*）

保护级别：国家二级保护植物，易危种

主要别名：丝楝树皮、丝棉皮、棉树皮、胶树

## 【形态特征】

落叶乔木。树皮灰褐色折断拉开有多数细丝。单叶互生，椭圆形，薄革质，长 6~15cm，宽3.5~6.5cm，基部阔楔形，先端渐尖；侧脉 6~9 对，上面下陷，下面稍突起，边缘有锯齿；叶柄长1~2cm。花单性，雌雄异株，无花被，雄花簇生，苞片早落，花丝短；雌花单生，苞片倒卵形，子房上位，1 室，先端 2 裂。翅果扁平，长椭圆形，长 3~3.5cm，宽1~1.3cm，先端 2 裂，基部楔形，周围具薄翅；种子 1，扁平。

## 【地理分布】

中国特有种，湖北分布于神农架、五峰、宜昌、巴东、兴山、秭归等地，在陕西、甘肃、河南、四川、云南、贵州、湖南及浙江等省区也有分布，现各地广泛栽种。

## 【野外生境】

生于海拔 300~500m 低山，谷地或低坡的疏林里，对土壤的要求并不严格，在瘠薄的红土，或岩石峭壁均能生长。

## 【价值用途】

杜仲皮为著名的传统中药，具有降压、利尿、壮阳、增强免疫、抗癌、抗变异等功效。

## 【资源现状】

三峡植物园 20 世纪 80 年代引种栽培，能正常生长，未见开花，易遭豹纹木蠹蛾危害。

## 【濒危原因】

因其药用价值，常被人为剥皮，野生资源被破坏严重。

## 【保护措施】

保护野生种质资源，开展人工驯化及繁育推广应用。

## 【繁殖技术】

种子繁殖。

# 天目铁木　　　　　　　　　　　　　　　　　　桦木科

拉 丁 名：*Ostrya rehderiana*　　　　　　　　英文名称：Ostrya rehderiana
科　　属：桦木科（Betulaceae）铁木属（*Ostrya*）　　保护级别：国家一级重点保护植物，极小种群

## 【形态特征】

乔木；树皮深灰色，粗糙；枝条灰褐色或暗灰色，无毛，皮孔疏生；小枝细瘦，褐色，具条棱，疏生皮孔；芽长卵圆形，锐尖，芽鳞亮绿色，覆瓦状排列。叶长椭圆形或矩圆状卵形，长 3~10cm，宽 1.8~4cm；顶端渐尖、长渐尖或尾状渐尖，基部近圆形或宽楔形；边缘具不规则的锐齿或有时具刺毛状齿；叶上面绿色，下面淡绿色；叶脉在上面微陷，沿中脉密被短柔毛，在下面隆起，疏被短硬毛间或有短柔毛，脉腋间有时具髯毛，侧脉 13~16 对，脉间相距 4~7mm；叶柄长 3~5mm，密被短柔毛。雄花序下垂，长 5~10cm，单生或 2~3 枚簇生；苞鳞宽卵形，顶端骤尖，具条棱，边缘密生短纤毛；花药顶端具长柔毛。果多数，聚生成稀疏的总状；果序轴全长 2~3cm，序梗长 1.5~2cm，密被短硬毛；果苞膜质，长椭圆形至倒卵状披针形，顶端圆，具短尖，基部缢缩呈柄状，基部具长硬毛，网脉显著。小坚果红褐色，卵状披针状，平滑，具不明显的细肋。

## 【地理分布】

本种湖北无分布区，仅在浙江西天目山有分布。

## 【野外生境】

生于海拔 400~500m 杂木林中。

## 【价值用途】

中国特有种，而且是该属分布于中国东部的唯一种类。对研究植物区系和铁木属系统分类，以及物种保存等，均具有一定意义。

## 【资源现状】

在浙江西天目山周家坦仅残存 5 株，损伤严重，生境受到破坏，杭州植物园、浙江林学院已引种栽培。三峡植物园 2018 年引种栽培，生长状况良好。

## 【濒危原因】

天目铁木分布区极窄，数量极少。因遭人为破坏，个体数量急剧下降。植株结实率低而种子萌发和成苗立地条件要求苛刻。更新能力弱，幼苗极少。有逐渐衰退迹象。

## 【保护措施】

西天目山已建立自然保护区，对本种的保护较为重视，在生于路旁易破坏的大树周围筑有石墙磡。应严禁人畜践踏，让其天然繁殖，并加强采种、育苗，扩大种植。

## 【繁殖技术】

种子繁殖，扦插繁殖。

# 格 木　　　　　　　　　　　　　　　　　　　豆 科

拉 丁 名：*Erythrophleum fordii* Oliv.　　　　　英文名称：Erythrophleum fordii
科　　属：豆科（Leguminosae）格木属（*Erythrophleum*）　　保护级别：国家二级保护植物
主要别名：斗登风、孤坟柴、赤叶柴

## 【形态特征】

高大乔木，嫩枝和幼芽被铁锈色短柔毛。叶互生，二回羽状复叶；羽片通常 3 对，对生或近对生；小叶互生，卵形或卵状椭圆形，全缘。穗状花序所排成的圆锥花序；总花梗上被铁锈色柔毛；花瓣5，淡黄绿色，长于萼裂片，倒披针形，内面和边缘密被柔毛。荚果长圆形，扁平，厚革质，有网脉；种子长圆形，稍扁平，种皮黑褐色。花期 5~6 月，果期 8~10 月。

## 【地理分布】

产广西、广东、福建、台湾、浙江等地。

## 【野外生境】

生于山地密林或疏林中。

## 【价值用途】

珍贵的硬材树种，有"铁木"之称，也是优良的园林观赏树种。

## 【资源现状】

三峡植物园收集保存部分种质材料，进行观察试种。

## 【濒危原因】

优良的材质诱使人为砍伐加剧，使其母树急剧减少；毁林开荒、建房、修路等造成生境的大规模破坏，使其天然分布区逐渐缩小。种子难以萌发使其天然更新困难，野生资源渐濒危。

## 【保护措施】

将现存散生的野生格木作母树保护，严禁砍伐，并采种育苗繁殖，扩大栽培面积。

## 【繁殖技术】

种子繁殖。

# 山豆根

拉 丁 名：*Euchresta japonica*　　　　　英文名称：Euchresta japonica
科　　属：豆科（Leguminosae）山豆根属（*Euchresta*）　　保护级别：国家二级保护植物
主要别名：三小叶山豆根、胡豆莲

【形态特征】

藤状灌木，茎上常生不定根。叶仅具小叶3枚；叶柄长4~5.5cm；小叶厚纸质，椭圆形，先端短渐尖至钝圆，基部宽楔形。总状花序，花梗均被短柔毛；小苞片细小，钻形；花萼杯状，长3~5mm，宽4~6mm，内外均被短柔毛，裂片钝三角形；花冠白色，旗瓣片长圆形，先端钝圆，匙形，基部外面疏被短柔毛瓣柄线形，略向后折，翼瓣椭圆形，先端钝圆，瓣柄卷曲，线形，龙骨瓣上半部黏合，极易分离，瓣片椭圆形，长约1cm，宽3.5mm，基部有小耳，瓣柄长约2mm；荚果椭圆形。

【地理分布】

产广西、广东、四川、湖南、江西、浙江。

【野外生境】

生于海拔800~1350m的山谷或山坡密林中。

【价值用途】

本种对研究豆科植物的系统发育及中国—日本植物区系等具有学术价值。

【资源现状】

三峡植物园2014年进行引种栽培，生长缓慢。

【濒危原因】

自身繁殖能力低下及生长缓慢，严重制约了种群的扩大。人们对森林的破坏，使湿度、光照及土壤肥力等环境因素改变，导致生境恶化，进而使其繁殖能力和生活能力下降，限制了种群的生存发展。

【保护措施】

在分布区范围内建立保护区，如浙江泰顺乌岩岭、江西井冈山等，加强管护。

【繁殖技术】

种子繁殖，扦插繁殖。

# 绒毛皂荚

拉 丁 名：*Gleditsia japonica* Miq. var. *velutina* L. C. Li
科　　属：豆科（Leguminosae）皂荚属（*Gleditsia*）
主要别名：山皂荚

英文名称：Gleditsia japonica
保护级别：国家二级重点保护植物

## 【形态特征】

落叶乔木。一回或二回羽状复叶，纸质至厚纸质、卵状长圆形或卵状披针形至长圆形，先端圆钝，有时微凹，基部阔楔形或圆形，全缘或具波状疏圆齿，上面被短柔毛或无毛；网脉不明显；小叶柄极短。穗状花序黄绿色，腋生或顶生；雄花深棕色，密被褐色短柔毛；萼片 3~4，三角状披针形，长约 2mm；花瓣 4，椭圆形，长约 2mm，被柔毛；雄蕊 6~8（9）；雌花萼片和花瓣均为 4~5 形状与雄花的相似，长约 3mm，两面密被柔毛；不育雄蕊 4~8；子房无毛，花柱短，下弯，柱头膨大，2 裂；胚珠多数。荚果带形，扁平，不规则旋扭或弯曲作镰刀状，先端具喙，果瓣革质，棕色或棕黑色，常具泡状隆起，无毛，有光泽；种子多数，椭圆形，深棕色，光滑。花期 4~6 月；果期 6~11 月。

## 【地理分布】

特产中国湖南衡山。

## 【野外生境】

生于海拔 100~1000m 的向阳山坡或谷地、溪边路旁。

## 【价值用途】

重要用材树种。荚果富含胰皂素，可作洗涤剂，也可作为庭园观赏树种。

## 【资源现状】

中国特有，极小种群，三峡植物园收集保存的种苗生长状况良好，枝条年生长量 20~48cm，5 年生植株暂未见开花。

## 【濒危原因】

荚果成熟后难以开裂，种子发芽率低，自身繁殖能力弱，在自然状态下更新困难。

## 【保护措施】

全世界仅存野生植株 4 株，分布在中国衡阳市南岳区，比堪称"植物界熊猫"的银杉还稀少，已经被重点保护。

## 【繁殖技术】

种子繁殖。

# 野大豆

拉 丁 名：*Glycine soja* Sieb. et Zucc.　　　英文名称：Glycine soja

科　　属：豆科（Leguminosae）大豆属（*Glycine*）　　保护级别：湖北省二级重点保护植物

## 【形态特征】

　　一年生缠绕草本，长 1~4m。叶互生，具 3 小叶，顶生小叶卵圆形或卵状披针形，长 3.5~6cm，宽 1.5~2.5cm，先端锐尖至钝圆，基部近圆形，侧生小叶斜卵状披针形。总状花序通常短；花小；苞片披针形；花两性，花萼钟状，裂片 5；花冠淡红紫色或白色，蝶形，旗瓣近圆形，先端微凹，基部具短瓣柄，翼瓣斜倒卵形，有明显的耳，龙骨瓣比旗瓣及翼瓣短小；雄蕊二体(9+1)；子房上位，花柱短，向一侧弯曲。荚果

长圆形，两侧稍扁，长 17~23mm，宽 4~5mm，密被长硬毛，干时易裂；种子 2~3 枚，椭圆形，稍扁，褐色至黑色。花期 7~8 月，果期 8~10 月。

## 【地理分布】

　　除新疆、青海和海南外，遍布全国。

## 【野外生境】

　　生于海拔 150~2650m 的潮湿田边、园边、沟边、河岸、湖边、沼泽和向阳草甸的矮灌木丛中或芦苇丛中，稀见于沿河岸疏林下。

## 【价值用途】

　　全株可作饲料，茎皮纤维可织麻袋，种子可供食用和榨油。全草还可药用，有补气血、强壮、利尿等功效。

## 【资源现状】

　　分布较广，野生资源保存量较少，可收集保存种质资源，进一步开发应用。三峡植物园有野生资源分布，但因林下抚育等人为干扰，资源呈碎片状保存。

## 【濒危原因】

　　林地生境破碎化导致野生分布范围急剧缩减，居群内植株数量锐减。

## 【保护措施】

　　保护现有野生种质资源，探索开展功能性开发利用及栽培。

## 【繁殖技术】

　　种子繁殖。

# 花榈木

拉 丁 名：*Ormosia henryi* Prain
科　　属：豆科（Leguminosae）红豆属（*Ormosia*）
主要别名：臭桶柴、亨氏红豆、红豆树、花梨木

英文名称：Ormosia henryi
保护级别：易危种，国家二级保护植物

## 【形态特征】

常绿乔木，高可达 16m。树皮灰绿色，平滑，有浅裂纹。幼枝密生灰黄色绒毛。羽状复叶互生，具小叶 5~9 个；小叶革质，矩圆状倒披针形或矩圆形，长 6~10cm，宽 2~5cm，下面密生灰黄色短柔毛，先端骤急尖，基部近圆形或阔楔形。圆锥花序腋生或顶生，稀总状花序；总花梗、序轴、花梗都有黄色绒毛；花黄白色，两性；萼钟状，长约 1.3cm，密生黄色绒毛，裂片 5，与筒部近等长；花瓣蝶形，长约 2cm；雄蕊 10，分离；子房边缘有疏毛。荚果扁平，长约 7~11cm，宽 2~3cm；种子红色，长 8~15mm。花期 7~8 月，果期 10~11 月。

## 【地理分布】

在湖北分布于五峰、秭归、恩施、鹤峰、来凤、宣恩、咸丰、利川、崇阳、通山等地，安徽、浙江、江西、湖南、广东、四川、贵州、云南（东南部），越南、泰国也有分布。

## 【野外生境】

生于海拔 100~1300m 的山坡、溪谷两旁杂木林内。

## 【价值用途】

花榈木为珍贵用材树种，同时也是优良的园林绿化或防火树种；花榈木根、根皮、茎及叶均可入药。

## 【资源现状】

三峡植物园收集的种质材料生长正常，喜光，在林下栽植生长量不及全光照条件下一半。

## 【濒危原因】

珍贵用材树种，野生资源数量稀少，因人为大量

采挖或砍伐而受到严重威胁。

## 【保护措施】

打击非法采伐犯罪行为，对花榈木古树群进行科学保护。

## 【繁殖技术】

种子繁殖。

# 红豆树

拉 丁 名：*Ormosia hosiei* Hemsl.et Wils.

英文名称：Ormosia hosiei

科　　属：豆科（Leguminosae）红豆属（*Ormosia*）

保护级别：国家二级珍稀濒危保护植物，渐危

主要别名：鄂西红豆、何氏红豆、江阴红豆

## 【形态特征】

常绿乔木，高可达30m。树皮灰绿色，平滑。小枝幼时有黄褐色细毛，后无毛。奇数羽状复叶互生，长8~10cm；小叶7~9，长卵形、矩圆状倒卵形至矩圆状倒披针形，无毛。圆锥花序顶生或腋生；花两性；花冠白色或淡红色，蝶形。荚果木质，扁平，圆形或椭圆形，长4~6.5cm，宽2.5~4cm，先端喙状；有种子1~2枚，种子红色，光亮，近圆形，长1~2cm，种脐长约8mm。花期4~5月，果期10~11月。

## 【地理分布】

在湖北分布于宣恩、恩施、利川、建始、宜昌、长阳、兴山、秭归、神农架、十堰、房县、竹山、郧县、丹江口、保康等地，陕西（南部）、甘肃（东南部）、江苏、安徽、浙江、江西、福建、四川、贵州等地也有分布。

## 【野外生境】

生于海拔200~900m的河旁、山坡、山谷林内。

## 【价值用途】

我国特有珍贵用材树种，根与种子可入药；亦是优良的园林观赏树种。

## 【资源现状】

三峡植物园收集保存一批种源、家系、无性系（根繁）类型种质材料，幼林前1~2年生长缓慢，移栽萌发力强，2年后生长迅速，主干年生长量20~40cm，播种育苗出苗率达90%以上，未见开花。

## 【濒危原因】

由于经济价值较高，被人为大量砍伐利用，致使分布范围日益狭窄，成年树稀少且有间隔多年才开花的特点，种群更新困难。

## 【保护措施】

在本种分布较集中的地区建立保护点（小区），严禁乱砍滥伐，并积极开展人工繁育，建立造林基地。

## 【繁殖技术】

种子繁殖。

# 缘毛红豆

拉丁名：*Ormosia howii* Merr. et Chun et Merr. ex L. Chen
科　　属：豆科（Leguminosae）红豆属（*Ormosia*）
主要别名：侯氏红豆

英文名称：Ormosia howii
保护级别：国家二级保护植物

## 【形态特征】

常绿乔木；树皮灰褐色。奇数羽状复叶，叶轴顶生小叶，叶柄、叶轴及小叶柄均粗壮，被灰色短柔毛；小叶 2~3 对，厚革质，长椭圆状倒卵形或长椭圆形，长 6~17cm，宽 2~6.5cm。圆锥花序顶生，密被褐色柔毛。荚果斜椭圆状卵形或菱形，微扁，长 2~2.5cm，宽 1.5~2cm，顶端急剧收缩成一长 3~4mm 的斜，果颈长 3~4mm，果瓣厚革质，淡褐黑色，幼果果瓣及边缘均

有褐色毛，成熟时秃净或在边缘疏被淡褐色长毛，花萼宿存，密被锈褐色毛，有种子 1~2 枚；种子近圆形，略扁，或三棱形，种皮暗红色，有光泽。

## 【地理分布】

分布范围极窄。仅在海南发现。

## 【野外生境】

生于海拔 700~850m 的山坡林中，散生，多见于花岗岩山地。

## 【价值用途】

我国特有珍稀植物，对于研究蝶形花科（或亚科）的系统发育、植物区系及植物群落学等有一定学术价值，是优良用材树种，种子工艺价值高。

## 【资源现状】

三峡植物园 2014、2019 年引种收集，生长缓慢，幼苗常规栽培越冬困难。

## 【濒危原因】

由于经济价值较高，被人为大量砍伐利用，致使分布范围日益狭窄，成年树日益稀少。

## 【保护措施】

在产地禁伐保护，促进天然更新，并进行人工繁育。

## 【繁殖技术】

种子繁殖。

# 小叶红豆

拉 丁 名：*Ormosia microphylla* Merr.　　　　英文名称：Ormosia microphylla
科　　属：豆科（Leguminosae）红豆属（*Ormosia*）　　保护级别：稀有植物
主要别名：苏檀木、紫檀（广西）

## 【形态特征】

灌木或乔木；树皮灰褐色，不裂。老枝圆柱形，紫褐色，近光滑，小枝密被浅褐色短柔毛。奇数羽状复叶，近对生；小叶 5~7 对，纸质，椭圆形，长1.5~4cm，宽 1~1.5cm，无毛或疏被柔毛，下面苍白色，多少贴生短柔毛，中脉具黄色密毛，侧脉 5~7 对，纤细，下面隆起，边缘不明显弧曲不相连接，细脉网状；小叶密被黄褐色柔毛。花序顶生。荚果有梗，近菱形或长椭圆形，长 5~6cm，宽 2~3cm，压扁，顶端有小尖头，果瓣厚革质或木质，黑褐色或黑色，有光泽，内壁有横隔膜，有种子 3~4 枚；种子长 2.2cm，宽6~8mm，种皮红色，坚硬。

## 【地理分布】

分布于广西（南部和东部）、贵州（东南部）、湖南、江西等地。

## 【野外生境】

生于密林中。

## 【价值用途】

边材浅黄褐色，心材深紫红色至紫黑色，纹理通直，材质坚重，有光泽，为优良珍贵用材，是制高档家具及美术工艺品的优良材料；根可入药。

## 【资源现状】

三峡植物园 2014 年引种栽培，生长缓慢，可以正常越冬，暂未见花、果。

## 【濒危原因】

由于经济价值较高，被人为大量砍伐利用，致使分布范围日益狭窄，成年树日益稀少。

## 【保护措施】

在本种分布较集中地区建立保护点（小区），严禁乱砍滥伐，并积极开展人工繁育，建立造林基地。

## 【繁殖技术】

种子繁殖。

# 任 豆

拉 丁 名：*Zenia insignis* Chun
科　　属：豆科（Leguminosae）任豆属（*Zenia*）
主要别名：任木

英文名称：Zenia insignis
保护级别：稀有植物

## 【形态特征】

落叶乔木；小枝黑褐色，芽有少数鳞片，叶基数羽状复叶，小叶薄革质，长圆状披针形。圆锥花序顶生；总花梗和花梗被黄色或棕色糙伏毛；花红色；苞片小，狭卵形，早落；萼片厚膜质，长圆形，稍不等大，长10~12mm，阔5~6mm，顶端圆钝，外面有糙伏毛，内面无毛；花瓣稍长于萼片，长约12mm，最上面一片阔8mm，倒卵形，其他的阔5~6mm，椭圆状长圆形或倒卵状长圆形；雄蕊的花丝长3mm，被微柔毛，花药长6mm，宽1mm；子房通常有胚珠7~9，边缘具伏贴疏柔毛，子房柄长4mm。荚果长圆形或椭圆状长圆形，红棕色。花期5月，果期6~8月。

## 【地理分布】

分布于广东、广西。

## 【野外生境】

生于海拔200~950m的山地密林或疏林中。

## 【价值用途】

种属植物，对研究苏木亚科和蝶形花亚科之间的演化关系，具有较重要的科研价值，是优良园林绿化和速生用材树种，可作为紫胶虫寄主。

## 【资源现状】

三峡植物园2016年引种栽培，可以正常越冬，树高年生长量达1~1.5m，未见开花。

## 【濒危原因】

由于长期过度采伐利用，野生大树日益减少，急待保护。

## 【保护措施】

保护野生种质资源，开展种质驯化及推广应用。

## 【繁殖技术】

种子繁殖。

# 川黄檗

## 芸香科

拉 丁 名：*Phellodendron amurense* Rupr.
科　　属：芸香科（Rutaceae）黄檗属（*Phellodendron*）
主要别名：檗木、关黄柏、黄柏、黄波椤树、黄伯栗、黄檗木

英文名称：Phellodendron amurense
保护级别：国家二级保护植物

### 【形态特征】

高大乔木。枝扩展，成年树的树皮有厚木栓层，浅灰或灰褐色，深沟状或不规则网状开裂，内皮薄，鲜黄色，味苦，黏质，小枝暗紫红色，无毛。叶轴及叶柄均纤细，有小叶 5~13 片，小叶薄纸质或纸质，卵状披针形或卵形，秋季落叶前叶色由绿转黄而明亮。花序顶生；萼片细小；雄花的雄蕊比花瓣长，退化雌蕊短小。果多数密集成团果的顶部略狭窄的椭圆形或近圆球形，径约 1cm 或大的达 1.5cm，蓝黑色，有分核 5~8（10）个；种子 5~8 枚，很少 10 枚。花期 5~6 月，果期 9~10 月。

### 【地理分布】

在湖北分布于宜昌、五峰、长阳、兴山、秭归、神农架、来凤、鹤峰、利川、巴东、宣恩、房县、南漳、十堰、陨西、竹溪、保康、谷城、襄樊、随州、广水、大悟、武穴、英山、罗田等地，主产于东北和华北各地，河南、安徽北部、宁夏也有分布，内蒙古有少量栽种。

### 【野外生境】

多生于海拔 500~2100m 的山地杂木林中或山区河谷沿岸。

### 【价值用途】

川黄檗为我国特有的珍贵药用植物，主治急性细菌性痢疾、急性肠炎、黄疸肝炎等症。木栓层是制造软木塞的材料。果实可作驱虫剂及染料。种子可制肥皂和润滑油。

### 【资源现状】

三峡植物引进种苗生长良好。

### 【濒危原因】

过度砍伐利用，导致野生资源日益稀少。

### 【保护措施】

保护野生种质资源，建立药用原料林。

### 【繁殖技术】

种子繁殖，扦插繁殖，嫁接繁殖。

# 裸芸香

拉 丁 名：*Psilopeganum sinense* Hemsl.　　　　　　英文名称：Psilopeganum sinense

科　　属：芸香科（Rutaceae）裸芸香属（*Psilopeganum*）

主要别名：臭草、千垂鸟、蛇皮草、虱子草

## 【形态特征】

多年生宿根草本。茎绿色，基部木质，有腺点。叶互生，有柑橘香味，指状3出叶，复叶有柄，小叶片不等大，卵形、长圆形或倒卵形，先端钝或圆，基部楔形；侧生叶基部有时略倾斜，边缘略背卷，有细腺点密生，上面绿色，下面灰白色；小叶近无柄。花两性，单花腋生，黄色，直径6~8mm，花梗长1~1.5mm；萼片4；花瓣4或5；雄蕊8，花丝分离，线形；雌蕊2心皮，近顶部离生。蓇葖果膜质；种子暗褐色，长约1mm。花果期5~8月。

## 【地理分布】

在湖北分布于宜昌、五峰、秭归、长阳、宜都、兴山、恩施、建始、巴东、神农架等地，在四川东北部、贵州（赤水）也有分布。重庆、桂林有栽培。

## 【野外生境】

生于低海拔地区的山坡、路边及草丛中。

## 【价值用途】

全株有清香柑橘气味，其叶果可提取芳香油，是一种香料植物。全草入药，主治感冒、跌打损伤，贵州民间用以治气管炎。

## 【资源现状】

三峡植物园有野生群落，引进植株已形成新的居群，生长状况良好。

## 【濒危原因】

分布区生境的改变，影响居群范围和数量；居群内的低遗传多样性和可能的自交衰退是裸芸香濒危的重要内在因素。

## 【保护措施】

针对裸芸香总体多样性水平较高，居群内多样性水平较低、地理隔离程度较大，基因流较小的情况，可以采用不同居群进行混合繁殖和相互移植来促进居群恢复。同时加强对遗传流失和易危性的检测及就地、迁地保育技术研究。积极引导仿野生商品化栽培，维持居群的自然更新，保证资源的持续利用。

## 【繁殖技术】

种子繁殖。

# 宜昌橙

拉 丁 名：*Citrus ichangensis* Swingle　　　英文名称：Citrus ichangensis
科　　属：芸香科（Rutaceae）柑橘属（*Citrus*）　　保护级别：国家二级保护植物
主要别名：野柑子、酸柑子

## 【形态特征】

小乔木或灌木。枝干多劲直锐刺，刺长1~2.5cm，花枝上的刺通常退化。叶身卵状披针形，长2~8cm，宽0.7~4.5cm，顶部渐狭尖，全缘或叶缘有细小的齿；翼叶比叶身略短小至稍较长。花通常单生于叶腋；花蕾阔椭圆形；萼5浅裂；花瓣淡紫红色或白色。果扁圆形、圆球形或梨形，顶部短乳头状凸起或圆浑，通常纵径3~5cm，横径4~6cm，果肉淡黄白色，甚酸，兼有苦及麻舌味；种子30枚以上，近圆形而稍长。花期5~6月，果期10~11月。

## 【地理分布】

在湖北分布于宜昌、长阳、兴山、五峰、来凤、鹤峰、巴东、神农架等地，在陕西、甘肃二省南部、湖南西部及西北部、广西北部、贵州、四川、云南也有分布。

## 【野外生境】

生于高山陡崖、岩石旁、山脊或沿河谷坡地，自然分布的最高限约2500m。

## 【价值用途】

宜昌橙耐贫瘠、耐阴、抗病力强，是嫁接柑橘属植物的优良砧木之一。其叶有消炎止痛、防腐生肌等药用功效。

## 【资源现状】

宜昌市兴山、夷陵区有野生宜昌橙保护小区。三峡植物园收集的种质保存良好，可正常开花。

## 【濒危原因】

林地开发利用，导致生境破坏，野生资源日益减少。

## 【保护措施】

设置自然保护小区，迁地保存种质资源材料，对原分布区人工辅助更新，改善种群结构，扩大种群数量及范围。

## 【繁殖技术】

种子繁殖，嫁接繁殖。

# 红椿

拉 丁 名：*Toona ciliata* Roem.   英文名称：Toona ciliata
科  属：棟科（Meliaceae）香椿属（*Toona*）  保护级别：易危种，国家二级保护植物
主要别名：赤蛇公、南亚红椿、香铃子、赤昨工（海南）、红棟子（云南）、双翅香椿（武汉植物研究）

## 【形态特征】

大乔木；小枝初时被柔毛，渐变无毛。一回羽状复叶，长 25~40cm，小叶 7~8 对，小叶对生或近对生，纸质，长圆状卵形或披针形，先端尾状渐尖，基部不对称，边全缘；侧脉每边 12~18 条。圆锥花序顶生；花瓣 5，白色，长圆形，先端钝或具短尖；雄蕊 5，约与花瓣等长，子房密被长硬毛，每室有胚珠 8~10 颗，花柱无毛，柱头盘状，有 5 条细纹。蒴果长椭圆形，木质，干后紫褐色，有苍白色皮孔，长 2~3.5cm；种子两端具翅，翅扁平，膜质。花期 4~6 月，果期 10~12 月。

## 【地理分布】

产福建、湖南、广东、广西、四川和云南等地，印度、中南半岛、马来西亚、印度尼西亚等地也有分布。

## 【野外生境】

多生于海拔 300~1500m 的低海拔沟谷林中或山坡疏林中。

## 【价值用途】

红椿木材赤褐色，纹理通直，质软，耐腐，是良好的用材树种。树皮含单宁，可提制栲胶。

## 【资源现状】

红椿在湖北省是否有分布还有争议，三峡植物园和中国林业科学研究院亚热带林业研究所 2011 年合作开展红椿区域试验，树高年生长量 52~130cm，尚未开花。

## 【濒危原因】

分布区现存开花结实植株少，生境改变不利于幼苗生长。

## 【保护措施】

在红椿产区选择分布集中、生长较好的林分，划为保护区或母树林，加强抚育管理促进更新。加强品种驯化研究，营造人工林。

## 【繁殖技术】

种子繁殖。

# 毛红椿（云南植物志，变种）

拉 丁 名：*Toona ciliata* var. *pubescens*　　英文名称：Toona ciliata

科　　属：楝科（Meliaceae）香椿属（*Toona*）　　保护级别：国家二级保护植物

主要别名：毛红楝

## 【形态特征】

毛红椿是红椿的变种，与红椿相比较，本变种的主要特点为：叶轴和小叶片背面被短柔毛，脉上尤甚；小叶柄长约9mm；花瓣近卵状长圆形，先端近急尖，长4.5mm，宽1.5mm；花丝被疏柔毛，花柱具长硬毛；蒴果顶端浑圆。花期5~6月，果期11~12月。

## 【地理分布】

零星分布于江西、湖南、广东、四川、贵州和云南等地。

## 【野外生境】

生于低海拔至中海拔的山地密林或疏林中。

## 【价值用途】

珍贵的速生用材树种，素有"中国桃花心木"之称。

## 【资源现状】

2011年中国林业科学研究院亚林所提供48个毛红椿种源种子在三峡植物园育苗，1年生苗木生长量30~80cm。2012年在三峡植物园及夷陵区樟村坪林场营建34个种源的资源保存圃、种源对比试验林，生长势正常，未见花。

## 【濒危原因】

现存开花结实植株少，生境改善不利于幼苗生长。

## 【保护措施】

加强分布区的野生资源保护，加强人工繁育和栽培应用研究。

## 【繁殖技术】

种子繁殖，扦插繁殖。

# 银鹊树

拉 丁 名：*Tapiscia sinensis* Oliv.
科　　属：省沽油科（Staphyleaceae）瘿椒树属（*Tapiscia*）
主要别名：瘿椒树

英文名称：Tapiscia sinensis
保护级别：国家二级珍稀濒危保护植物

## 【形态特征】

落叶乔木。小枝无毛，芽卵形。单数羽状复叶，互生，长 30~45cm；小叶 5~9，狭卵形或卵形，长6~14cm，宽 3.5~6cm，先端渐尖，基部近心形至圆形，边缘有锯齿，无毛，下面粉绿色，脉腋有柔毛。圆锥花序腋生，雄花和两性花异株；雄花序长达 25cm，两性花序长达 10cm；花小，有香气，黄色；花萼钟状，长约 1mm，5 浅裂；花瓣 5，狭倒卵形，比萼稍长；雄蕊 5，与花瓣互生，伸出花外；子房 1 室，有 1 胚珠，花柱长于雄蕊；雄花具退化雌蕊。核果近球形，长约7mm。花期 6~7 月，果期 8~9 月。

## 【地理分布】

在湖北分布于宜昌、恩施等地，安徽、浙江、河南、陕西、贵州等地也有分布。

## 【野外生境】

生于海拔 400~1800m 的山坡沟边林中。

## 【价值用途】

中国特有古老树种，对研究中国亚热带植物区系起源及省沽油科系统发育，有一定的科学价值。可作用材树种和园林绿化树种。

## 【资源现状】

鄂西海拔 1100m 处有天然林。28 年生树，树高14.4m，胸径 26.1cm，树冠投影面积 35.0m$^2$，树干带皮材积 0.3710m$^3$，去皮材积 0.3307m$^3$。单株材积年生长量 0.0200m$^3$ 左右。三峡植物园从 20 世纪 70 年代开始引进试种，1997 年再次引种栽培，在丘陵岗地沟谷长势良好，20 年生胸径达 20cm 以上，栽植在丘陵山顶生长势较弱，枝条夏季易枯，15 年生胸径10cm 左右，可正常开花结果。

## 【濒危原因】

人们对森林的过度开采利用，导致野生资源日益减少。

## 【保护措施】

建立自然保护区，保护野生种群遗传多样性，结合人工抚育，扩大分布范围和种群数量，在适生地区开展人工造林。

## 【繁殖技术】

种子繁殖，扦插繁殖。

# 金钱槭

## 槭树科

拉 丁 名：*Dipteronia sinensis* Oliv.　　　　英文名称：Dipteronia sinensis

科　　属：槭树科（Aceraceae）金钱槭属（*Dipteronia*）　　保护级别：国家三级珍稀濒危保护植物

主要别名：双轮果（甘肃）、摇钱树

## 【形态特征】

　　落叶乔木。嫩枝紫绿色，老枝褐色；叶为对生单数羽状复叶，长 20~40cm；小叶常 7~13 枚，纸质，长卵形或矩圆披针形，长 7~10cm，宽 2~4cm，顶端锐尖，基部近圆形，边缘具稀疏钝锯齿，下面脉腋及脉上有短的白色丝毛；叶柄长 5~7cm。圆锥花序顶生或腋生，长 15~30cm；花杂性，白色，雄花与两性花同株；萼片 5，卵形或椭圆形；花瓣 5，卵圆形，长 1~1.5mm；雄蕊 8，长于花瓣，在两性花中的较短；子房扁形，有长硬毛，柱头 2，向外反卷。翅果长 2.5cm，种子周围具圆翅，嫩时红色，有长硬毛，成熟后黄色，无毛；总果梗长 1~2cm。花期 4 月，果期 9 月。

## 【地理分布】

　　在湖北零星分布于宜昌、五峰、兴山、长阳、秭归、恩施、神农架、竹山、郧西、谷城、十堰、保康、南漳、丹江口等地，在河南西南部、陕西南部、甘肃东南部、四川、贵州等地也有分布。

## 【野外生境】

　　生于海拔 800~2000m 的林边或疏林中。

## 【价值用途】

　　金钱槭是寡种属植物，是研究槭树科起源和进化的重要材料，亦是优良的园林及用材树种。

## 【资源现状】

　　三峡植物园 2002 年引种收集，植株生长良好，可正常开花结果。

## 【濒危原因】

　　人们对森林的过度开采利用，导致野生资源日益减少。

## 【保护措施】

　　建立自然保护区，保护野生种群遗传多样性，结合人工抚育，扩大分布范围和种群数量，在适生地区开展人工造林。

## 【繁殖技术】

　　种子繁殖，扦插繁殖。

# 血皮槭

拉 丁 名：*Acer griseum* (Franch.) Pax
科　　属：槭树科（Aceraceae）槭属（*Acer*）
主要别名：红色木、红皮槭、纸皮槭

英文名称：Acer griseum
保护级别：湖北省三级重点保护植物

## 【形态特征】

落叶乔木。树皮赭褐色，纸状的薄片脱落。当年生枝淡紫色，密被淡黄色长柔毛，2~3 年生枝上尚有柔毛宿存。复叶有 3 小叶；小叶纸质，卵形至长圆椭圆形，长 5~8cm，宽 3~5cm，先端钝尖，边缘有 2~3 个钝形大锯齿，顶生的小叶片基部楔形或阔楔形，有 5~8mm 的小叶柄，侧生小叶基部斜形，上面绿色，下面淡绿色，主脉在下面凸起，侧脉 9~11 对；叶柄长 2~4cm。聚伞花序有长柔毛，常仅有 3 花；总花梗长 6~8mm；花淡黄色，杂性，雄花与两性花异株；萼片 5，花瓣 5，雄蕊 10，子房有绒毛。小坚果黄褐色，近于卵圆形或球形，密被黄色绒毛；翅宽 1.4cm，连同小坚果长 3.2~3.8cm，张开近于锐角或直角。花期 4 月，果期 9 月。

## 【地理分布】

在湖北零星分布于宜昌、五峰、兴山、长阳、秭归、恩施、鹤峰、建始、巴东、神农架、竹溪、十堰、广水、红安等地，在河南西南部、陕西南部、甘肃东南部、四川等地也有分布。

## 【野外生境】

生于海拔 1300~2000m 的山地林中。

## 【价值用途】

我国特有珍稀树种，优良的绿化树种，木材坚硬，可制各种贵重器具，树皮纤维良好，可以制绳和造纸。

## 【资源现状】

三峡植物园 2002 年引种到丘陵岗地栽培，16 年生胸径约 10cm，能开花，种子发芽率低。2016 年引进幼苗，保育圃培育后选择沟谷环境造林扩大保存数量，生长良好。

## 【濒危原因】

人们对森林的过度开采利用，导致野生资源日益减少。

## 【保护措施】

建立自然保护区，保护野生种群遗传多样性，结合人工抚育，扩大分布范围和种群数量，在适生地区开展人工造林。

## 【繁殖技术】

种子繁殖，扦插繁殖。

# 七叶树

## 七叶树科

拉 丁 名：*Aesculus chinensis* Bunge.　　　　英文名称：Aesculus chinensis

科　　属：七叶树科（Hippocastanaceae）七叶树属（*Aesculus*）　　保护级别：国家三级保护植物，渐危种

主要别名：梭椤树、梭椤子、天师栗、开心果、猴板栗

### 【形态特征】

落叶乔木。树皮深褐色或灰褐色，小枝有圆形或椭圆形淡黄色的皮孔。掌状复叶，由 5~7 小叶组成，叶柄长 10~12cm，有灰色微柔毛；小叶纸质，长圆披针形至长圆倒披针形；中央小叶的小叶柄长 1~1.8cm，两侧的小叶柄长 5~10mm。花序圆筒形，花序总轴有微柔毛，小花序常由 5~10 朵花组成，花梗长 2~4mm；花杂性，雄花与两性花同株；子房在雄花中不发育，在两性花中发育良好，卵圆形，花柱无毛。果实球形或倒卵圆形，黄褐色，种子常 1~2 枚，近于球形，栗褐色。花期 4~5 月，果期 10 月。

### 【地理分布】

在湖北零星分布于鄂西北和鄂西南，在河北南部、山西南部、河南北部、陕西南部均有栽培。

### 【野外生境】

生于海拔 500~1700m 的山地林中。

### 【价值用途】

我国特有植物。优良用材、园林观赏树种，药用价值高，种子可入药，治胃痛和心脏方面的疾病。

### 【资源现状】

野生资源分布范围和数量下降较快，鄂西海拔 1600m 处有天然林 148 年生树，树高 24.4m，胸径 30.6cm，树冠投影面积 42.0m$^2$，树干带皮材积 0.9562m$^3$，去皮材积 0.8728m$^3$，单株材积年生长量 0.0100m$^3$ 左右。三峡植物园 2002 年引种栽培，16 年生胸径 20cm，能正常开花结实，种子发芽率高，一年生播种幼苗年生长量 50cm 左右。

### 【保护措施】

建立自然保护区，保护野生种群遗传多样性，结合人工抚育，扩大分布范围和种群数量，在适生地区开展人工造林。

### 【濒危原因】

过度开采利用，导致野生资源日益减少。

### 【繁殖技术】

种子繁殖。

# 伞花木

拉 丁 名：*Eurycorymbus cavaleriei* (Levl.) Rehd. et Hand. -Mazz.　　英文名称：Eurycorymbus cavaleriei

科　　属：无患子科（Sapindaceae）伞花木属（*Eurycorymbus*）　　主要别名：白苦楝

保护级别：无危种，国家二级珍稀濒危保护植物

## 【形态特征】

落叶灌木或小乔木，树皮灰色；小枝圆柱形，被短绒毛。叶连柄长 15~45cm，叶轴被柔毛；小叶 4~10 对，近对生，薄纸质，长圆状披针形，长 7~11cm，宽 2.5~3.5cm，顶端渐尖，基部阔楔形；侧脉约 16 对；小叶柄长约 1cm。花序半球状，稠密而极多花，主轴和分枝均被短绒毛；萼片卵形，花瓣长约 2mm；子房被绒毛。蒴果的发育果瓣长约 8mm，宽约 7mm，被绒毛；种子黑色，种脐朱红色。

## 【地理分布】

在湖北分布于宜昌、神农架、兴山、恩施、秭归等地，在云南、贵州、广西、湖南、江西、广东、福建、台湾也有分布。

## 【野外生境】

生于海拔 200~1400m 阔叶林中。

## 【价值用途】

第三纪孑遗中国特有单种属植物，对研究植物区系和无患子科的系统发育有科学价值。种子可榨油，其木材硬而韧性强，为优良用材树种。

## 【资源现状】

原生分布区已经较难找到野生资源，三峡植物园 2002 年引种栽培，15 年生胸径 25cm，能正常开花结实，种子发芽率高，自然条件下种子能正常更新繁殖，16 年左右大树易枯死。

## 【濒危原因】

人们对森林的过度开采利用，导致野生资源日益减少。

## 【保护措施】

保护仅存的野生种群（单株）的遗传多样性，结合人工抚育，扩大分布范围和种群数量，在适生地区开展人工造林。

## 【繁殖技术】

种子繁殖，分蘖繁殖。

# 掌叶木

拉丁名：*Handeliodendron bodinieri* (Levl.) Rehd.
科　　属：无患子科（Sapindaceae）掌叶木属（*Handeliodendron*）
主要别名：鸭脚板、平舟木、韩德木

英文名称：Handeliodendron bodinieri
保护级别：国家二级珍稀濒危保护植物

## 【形态特征】

落叶乔木或灌木，树皮灰色；小枝圆柱形，褐色，无毛，散生圆形皮孔。小叶 4 或 5，薄纸质，椭圆形至倒卵形，长 3~12cm，宽 1.5~6.5cm，顶端常尾状骤尖，基部阔楔形，两面无毛，背面散生黑色腺点；侧脉 10~12 对，拱形，在背面略凸起；小叶柄长 1~15mm。花序长约 10cm，疏散，多花；花梗长 2~5mm，无毛，散生圆形小鳞秕；萼片长椭圆形或略带卵形，长 2~3mm，略钝头，两面被微毛，边缘有缘毛；花瓣长约 9mm，宽约 2mm，外面被伏贴柔毛；花丝长 5~9mm，除顶部外被疏柔毛。蒴果全长 2.2~3.2cm，其中柄状部分长 1~1.5cm；种子长 8~10mm。花期 5 月，果期 7 月。

## 【地理分布】

我国特有，分布在贵州南部和广西西北部。

## 【野外生境】

生于海拔 500~800m 的林中或林缘。

## 【价值用途】

重要的经济植物，可作高档用材树种，种子可食用或作工业用油；其树形优美，叶形奇特，入秋后掌状复叶衬上红色果实，观赏价值高。与无患子科其他植物的羽状复叶不同，它为掌状复叶，其系统位置介于无患子科和七叶树科之间，对研究无患子科的系统发育有十分重要的价值。

## 【资源现状】

现存野生资源数量稀少，生境受威胁严重。三峡植物园引种收集部分资源，生长状况良好，可正常开花结果。

## 【濒危原因】

人们对森林的过度开采利用，导致野生资源日益减少。

## 【保护措施】

保护现仅存的野生种群（单株）的遗传多样性，结合人工抚育，扩大分布范围和种群数量，在适生地区开展人工造林。

## 【繁殖技术】

播种繁殖。

# 小勾儿茶

**鼠李科**

拉 丁 名：*Berchemiella wilsonii* (Schneid.) Nakai  　英文名称：Berchemiella wilsonii

科　　属：鼠李科（Rhamnaceae）小勾儿茶属（*Berchemiella*）　保护级别：国家二级珍稀濒危保护植物

## 【形态特征】

落叶灌木或小乔木，小枝无毛，具密而明显的皮孔。叶纸质，互生，椭圆形，长 7~10cm，宽 3~5cm，顶端钝，基部圆形，不对称，上面绿色，下面灰白色，仅脉腋微被髯毛，侧脉每边 8~10 条；叶柄长 4~5mm；托叶短，三角形，背部合生而包裹芽。顶生聚伞总状花序，长 3.5cm；花淡绿色，5 基数，萼片三角状卵形，花瓣宽倒卵形，顶端微凹，基部具短爪，与萼片近等长，子房基部为花盘所包围，花柱短，2 浅裂。核果，近圆柱形 1 室 1 种子。花期 5 月，果期 8~9 月。

## 【地理分布】

在湖北仅零星分布于兴山、神农架、五峰、长阳、保康、房县、竹溪等地，在安徽（霍山、歙县）局部地区也有零星分布。

## 【野外生境】

生海拔 400~1300m 的山地林中。

## 【价值用途】

小勾儿茶花的构造既与猫乳属（*Rhamnella*）有相同的特征，又与勾儿茶属（*Berchemiella*）有相似的结构，对研究鼠李科枣族（Zizipheae）中某些属间的亲缘关系有科学意义，且药用价值较高。

## 【资源现状】

野生种群资源极少，分布十分狭窄，迄今为止，全国已发现的野生小勾儿茶不到 10 株。2017 年三峡植物园引种 5 株，胸径 2~5cm，可正常生长，已开花。

## 【濒危原因】

人们对森林的过度开采利用，导致野生资源日益减少；自然繁殖能力极差，种群处于濒临灭绝的边缘。

## 【保护措施】

保护好现有资源，避免人为损害。开展小勾儿茶的生态学习性研究和人工繁殖试验，探索保护、扩大种群资源的有效途径。

## 【繁殖技术】

种子繁殖。

# 葛枣猕猴桃

拉 丁 名：*Actinidia polygama* (Sieb. & Zucc.) Maxim.　　英文名称：Actinidia polygama

科　　属：猕猴桃科（Actinidiaceae）猕猴桃属（*Actinidia*）　　保护级别：国家二级保护植物

主要别名：葛枣子（辽宁）、木天蓼（唐本草）

## 【形态特征】

　　大型落叶藤本；着花小枝细长，基本无毛，皮孔不很显著；髓白色，实心。叶膜质（花期）至薄纸质，卵形或椭圆卵形，顶端急渐尖至渐尖，基部圆形或阔楔形，边缘有细锯齿；叶柄近无毛，长1.5~3.5cm。花序1~3花，花序柄长2~3mm，花柄长6~8mm，均薄被微绒毛；苞片小，长约1mm；花白色，芳香。果成熟时淡橘色，卵珠形或柱状卵珠形，长2.5~3cm，无毛，无斑点，顶端有喙，基部有宿存萼片。种子长1.5~2mm。花期6月中旬至7月上旬，果熟期9~10月。

## 【地理分布】

　　产湖北、黑龙江、吉林、辽宁、甘肃、陕西、河北、河南、山东、湖南、四川、云南、贵州等地，苏联远东地区、朝鲜和日本有分布。

## 【野外生境】

　　生于海拔500m（东北）至1900m（四川）的山林中。

## 【价值用途】

　　虫瘿可入药，治疝气及腰痛；从果实提取新药Polygamol为强心利尿注射药。

## 【资源现状】

　　野生资源已经很少，三峡植物园已收集保存种质资源，研究其生物学特性和繁育，进一步开发利用。

## 【濒危原因】

　　人们对森林的过度开采利用，导致野生资源日益减少。

## 【保护措施】

　　保护现仅存的野生群落、单株的遗传多样性，结合人工抚育，扩大分布范围和种群数量，在适生地区开展人工造林。

## 【繁殖技术】

　　播种繁殖。

# 红茎猕猴桃

拉 丁 名：*Actinidia rubricaulis* Dunn

科　　属：猕猴桃科（Actinidiaceae）猕猴桃属（*Actinidia*）

英文名称：Actinidia rubricaulis

保护级别：国家二级保护植物

## 【形态特征】

较大的中型半常绿藤本。除子房外，全体洁净无毛。着花小枝较坚硬，红褐色，皮孔较显著，实心；隔年枝深褐色，具纵行棱脊。叶互生，坚纸质至革质，长方披针形至倒披针形，偶见矩卵形，边缘有稀疏的硬尖头小齿，有时略成浅波状；叶柄水红色，长1~3cm。花单性，雌雄异株；花序通常单花，绝少2~3花；花白色或红色；萼片4~5片，卵圆形至矩卵形；花瓣5片，瓢状倒卵形；雄蕊多数，花丝粗短，花药心状（雄花）或略被矩圆状（雌花）箭头形；子房柱球形，花柱约与子房等长。浆果暗绿色，卵圆形至柱状卵珠形，长1~1.5cm，幼时被有茶褐色绒毛，渐老渐秃净，晚期仍有反折的宿存萼片。花期4月中旬至5月下旬。

## 【地理分布】

主产云南、贵州、四川，广西西北和湖南西部也有分布。

## 【野外生境】

生于海拔300~1800m山地阔叶林中。

## 【价值用途】

果可食用。

## 【资源现状】

野生资源已经很少，三峡植物园已收集保存种质资源，研究其生物学特性和繁育，进一步开发利用。

## 【濒危原因】

人们对森林的过度开采利用，导致野生资源日益减少。

## 【保护措施】

保护现仅存的野生种群（单株）的遗传多样性，结合人工抚育，扩大分布范围和种群数量，在适生地区开展人工造林

## 【繁殖技术】

播种繁殖。

# 圆籽荷                                                   山茶科

拉 丁 名：*Apterosperma oblata*　　　　　英文名称：Apterosperma oblata
科　　属：山茶科（Theaceae）圆籽荷属（*Apterosperma*）　　保护级别：国家二级保护植物

## 【形态特征】

灌木至小乔木，嫩枝有柔毛。叶革质，狭椭圆形或长圆形，先端渐尖，基部楔形；侧脉 7~9 对，边缘有锯齿；叶柄长 3~6mm，有毛。花浅黄色，直径 1.5cm，顶生或腋生，有花 5~9 朵排成总状花序，花柄长 4~5mm，有毛；苞片细小，紧贴于花萼下，早落；萼 5 片，阔卵形，长 4mm，先端圆，基部近离生，有毛；花瓣 5 片，基部连生，阔倒卵形，长 7mm，宽 6mm，背面有毛；雄蕊 22~24 个，长 4~5mm，花药 2 室，基部叉开；子房圆锥形，基部有毛，5 室，每室有胚珠 3~4 个，花柱极短，先端 5 浅裂。蒴果扁球形，种子褐色。花期 5~6 月，果期 10~11 月。

## 【地理分布】

分布广东信宜、恩平、阳春河尾山和广西桂平等地。

## 【野外生境】

生于海拔 600m 以下的阔叶林中，喜生于富含腐殖质的赤红壤。

## 【价值用途】

圆籽荷具有原始古老的性质，在系统发育上处于较为孤立的地位，对该物种的研究，具有较高的学术价值和科研价值，且还具有材用、药用、工业用、绿化观赏等经济用途。

## 【资源现状】

本种在湖北省分布极少。三峡植物园 2014 年引种，4 年生植株树高近 3m，胸径 3cm，主干年生长量 68~124cm，4 年生植株未见开花。

## 【濒危原因】

分布区较为狭窄，原生地生境受到破坏，种子自然繁殖率低。

## 【保护措施】

采取就地保护、迁地保护措施保存现有野生种质资源，开展人工繁育技术、原地回归和异地回归研究及推广，恢复和扩大种群分布范围和数量。

## 【繁殖技术】

种子繁殖。

# 六瓣石笔木

拉 丁 名：*Tutcheria hexalocularia* Hu et Liang ex Chang
科　　属：山茶科（Theaceae）石笔木属（*Tutcheria*）

英文名称：Tutcheria hexalocularia
保护级别：国家二级保护植物

## 【形态特征】

乔木，高 12m，嫩枝粗大，无毛，顶芽秃净或有微毛。叶革质，椭圆形，边缘有疏锯齿。蒴果扁球形，宽 5~6cm，高 3~3.7cm，6 室，6 片裂开，每室有 1~3 个种子；果爿厚 6~7mm，被褐毛；果柄长 5mm；宿存萼片近圆形，宽 1.5~2.5cm，有残留褐色柔毛。

## 【地理分布】

本种在湖北分布极少。在广东及云南东南部有分布。

## 【野外生境】

生于海拔 500m 左右的阔叶林中。

## 【价值用途】

树冠椭圆形，多分枝，花色清丽，略有芳香，可于庭园中孤植或丛植观赏。根、叶可药用。

## 【资源现状】

三峡植物园 2014 年引种，4 年生植株树高近 2.5m，胸径 3cm，年生长量 46~87cm，暂未见花。

## 【濒危原因】

分布区较为狭窄，原生地环境受到破坏，种子自然繁殖率低。

## 【保护措施】

采取就地保护、迁地保护措施保存现有野生种质资源，开展人工繁育技术、原地回归和异地回归研究及推广，恢复和扩大种群分布范围和数量。

## 【繁殖技术】

种子繁殖，扦插繁殖。

# 紫 茎

拉 丁 名：*Stewartia sinensis* Rehd. et Wils.　　　英文名称：Stewartia sinensis

科　　属：山茶科（Theaceae）紫茎属（*Stewartia*）　　保护级别：国家三级珍稀濒危保护植物

主要别名：马骝光（湖北）

## 【形态特征】

小乔木，树皮灰黄色，嫩枝无毛或有疏毛，冬芽苞约 7 片。叶纸质，椭圆形或卵状椭圆形。花单生，直径 4~5cm，花柄长 4~8mm；苞片长卵形，长 2~2.5cm，宽 1~1.2cm；萼片 5，基部连生，长卵形，长 1~2cm，先端尖，基部有毛；花瓣阔卵形，长 2.5~3cm，基部连生，外面有绢毛；雄蕊有短的花丝管，被毛；子房有毛。蒴果卵圆形，先端尖，宽 1.5~2cm。种子长 1cm，有窄翅。花期 6 月。

## 【地理分布】

在湖北分布于宜昌、宜都、兴山、恩施、宜恩、建始、巴东、神农架、竹溪、罗田等地，在河南、安徽、浙江、福建、江西、湖南、广西、贵州、四川、云南等地也有分布。模式标本采自湖北西部。

## 【野外生境】

生于海拔 600~1900m 常绿阔叶林或常绿落叶、阔叶混交林林中或林缘。为中生性喜光的深根性树种，要求凉润气候。

## 【价值用途】

中国特有的子遗植物，对研究东亚与北美植物区系有科学意义。木材极坚实耐用，根皮、茎皮入药，种子油可食用或制肥皂及润滑油，具有较高的经济价值。

## 【资源现状】

三峡植物园 2002 年从大老岭自然保护区引种，16 年生植株平均胸径 15cm，现生长良好，可正常开花结果，但未见自然更新幼苗。

## 【濒危原因】

分布区较为狭窄，原生地环境受到破坏，种子自然繁殖率低。

## 【保护措施】

采取就地保护和迁地保护等手段保存现有野生植株，人工繁育扩大种群数量和分布范围。

## 【繁殖技术】

种子繁殖。

# 红皮糙果茶

| 拉丁名：*Camellia crapnelliana* Tutch. | 英文名称：Camellia crapnelliana |
|---|---|
| 科　　属：山茶科（Theaceae）山茶属（*Camellia*） | 保护级别：国家三级保护植物 |
| 主要别名：克氏茶 | |

## 【形态特征】

小乔木，树皮红色，嫩枝无毛。叶硬革质，倒卵状椭圆形至椭圆形，先端钝尖，边缘有细钝齿。花顶生，单花，直径 7~10cm，近无柄；苞片 3 片，紧贴着萼片；萼片 5 片，倒卵形，外侧有茸毛，脱落；花冠白色，长 4~4.5cm，花瓣 6~8 片，倒卵形，长 3~4cm，宽 1~2.2cm，基部连生约 4~5mm，最外侧 1~2 片近离生，基部稍厚，革质，背面有毛；雄蕊多轮，无毛，外轮花丝与花瓣连生约 5mm；子房有毛，花柱 3 条，长 1.5cm，有毛。胚珠每室 4~6 个。蒴果球形，直径 6~10cm，果皮厚 1~2cm，干后疏松多孔隙，3 室，每室有种子 3~5 枚。

## 【地理分布】

产香港、广西南部、福建、江西及浙江南部。模式标本采自香港栢架山海拔 150m 处。

## 【野外生境】

生于中国东南及华南沿海各省的常绿林或常绿落叶混交林中。

## 【价值用途】

可做观赏植物和油料植物。

## 【资源现状】

本种在湖北省分布极少。三峡植物园 20 世纪 70 年代引种栽培，40 多年生植株，胸径 12cm，长势良好，已开花、结果，种子播种出苗率达 92%。

## 【濒危原因】

野生资源数量稀少，原生地环境受到破坏。

## 【保护措施】

采取就地保护、迁地保护和近地保护等手段保存现有野生植株，人工繁育扩大种群数量和分布范围，油用栽培。

## 【繁殖技术】

种子繁殖，扦插繁殖。

# 扁糙果茶

拉 丁 名：*Camellia oblata* Chang　　　　英文名称：Camellia oblata

科　　属：山茶科（Theaceae）山茶属（*Camellia*）　　保护级别：珍稀濒危

## 【形态特征】

灌木，高 3m，嫩枝无毛。叶革质，长圆形或倒卵状长圆形，长 12~15cm，宽 4~5.5cm，先端急短尖，基部阔楔形，上面干后浅绿色，发亮，无毛，下面浅褐色，无毛，有细小黑腺点，侧脉 7 对，在上面明显，在下面突起，边缘有细锯齿，或下半部近全缘，叶柄长 7~12mm，无毛。蒴果顶生，无柄，扁球形，宽 3.2cm，高 2cm，果皮厚 6~8mm，表面多糙秕，基部有 2~3 片残留的圆形萼片。

## 【地理分布】

分布于广西、我国东南及华南沿海各地。

## 【野外生境】

生于常绿林或常绿落叶混交林中。

## 【价值用途】

是很有价值的观赏植物和油料植物。

## 【资源现状】

在产地已建立自然保护区，本种在湖北分布极少。三峡植物园 2015 年引种栽培，能正常生长，树高年生长量 12~22cm，4 年生植株未见开花。

## 【濒危原因】

野生资源数量稀少，原生地环境受到破坏。

## 【保护措施】

采取就地保护、迁地保护措施保存现有野生种质资源，开展人工繁育技术、原地回归和异地回归研究及推广，恢复和扩大种群分布范围和数量。

## 【繁殖技术】

种子繁殖，扦插繁殖。

# 小黄花茶

拉 丁 名：*Camellia luteoflora* Li ex Chang          英文名称：Camellia luteoflora
科　　属：山茶科（Theaceae）山茶属（*Camellia*）   保护级别：国家二级保护植物

## 【形态特征】

灌木或小乔木；树皮褐色，芽体被白色茸毛。叶长圆形或椭圆形，先端渐尖或急锐尖，基部阔楔形；边缘有疏锯齿。花单生于叶腋或枝顶，黄色，不展开，无柄，苞被片 8~10 片，未分化为苞片及萼片，半圆形至阔椭圆形，半宿存，花瓣 7~8 片，阔椭圆形至倒卵状椭圆形，长 11~15mm，基部连生 4mm，开花时不展开，无毛，或有睫毛；雄蕊 2 轮，长 13mm，外轮的花丝基部连生，花丝管长 8mm，无毛，花药黄色，基部着生；子房 3 室，被白色柔毛，花柱长 5mm，顶端 3 裂。蒴果球形，直径 1cm，果皮薄，3 瓣裂开，种子每室 1 枚。花期 11 月。

## 【地理分布】

现仅分布于贵州省赤水市赤水桫椤国家级自然保护区闷头溪。

## 【野外生境】

喜温暖潮湿气候，生于中国西南常绿林或常绿落叶混交林中。

## 【价值用途】

具有遗传育种研究价值，亦可做庭园观赏植物。

## 【资源现状】

贵州省赤水特有种，贵州省一级珍稀濒危保护植物，在产地已建立自然保护区，国家科学技术委员会明令禁止外流的特殊物种。三峡植物园 2014 年引种收集保存，生长适应情况良好，枝条年生长量可达 8~16cm，4 年生植株未见开花。

## 【濒危原因】

野生资源数量稀少，原生地环境受到破坏，种子自然繁殖率低。

## 【保护措施】

采取就地保护和迁地保护措施保存现有野生植株，开展品种驯化研究及人工繁育种苗，园艺化栽培扩大种群数量和分布范围。

## 【繁殖技术】

种子繁殖，扦插繁殖。

# 冬青叶山茶

拉 丁 名：*Camellia ilicifolia* Li

英文名称：Camellia ilicifolia

科　　属：山茶科（Theaceae）山茶属（*Camellia*）

保护级别：珍稀濒危

## 【形态特征】

灌木或小乔木，嫩枝无毛。叶革质，长圆形，长6~9.5cm，宽2.5~3.6cm，先端渐尖或尾状渐尖，基部楔形，上面深绿色，有光泽，侧脉6~8对，在两面能见，边缘有锐利锯齿，叶柄长6~8mm。花顶生及腋生，无柄，白色，苞被片8片，多膜质，倒卵圆形，最长1cm，被毛或秃净；花瓣6片，倒卵形，长1.7~2cm，最外1片有毛，其余无毛，基部连生6mm；雄蕊长1.1~1.5cm，外轮花丝基部连合成短管并与花瓣连合，无毛；子房无毛，3室，花柱3条，离生，长1.2cm。

## 【地理分布】

模式标本采自黔北的赤水县凯旋乡。

## 【野外生境】

生于中国西南海拔950m的常绿林边。

## 【价值用途】

可做观赏植物和油料植物。

## 【资源现状】

在产地已建立自然保护区，三峡植物园2014年引种栽植，能正常生长，枝条年生长量可达25~46cm，4年生植株未见花。

## 【濒危原因】

野生资源数量稀少，原生地环境受到破坏，种子自然繁殖率低。

## 【保护措施】

采取就地保护和迁地保护措施保存现有野生植株，开展品种驯化研究及人工繁育种苗，园艺化栽培扩大种群数量和分布范围。

## 【繁殖技术】

播种繁殖，扦插繁殖。

# 安龙瘤果茶

拉 丁 名：*Camellia anlungensis* Chang　　　　英文名称：Camellia anlungensis

科　　属：山茶科（Theaceae）山茶属（*Camellia*）　　保护级别：珍稀濒危

### 【形态特征】

灌木或小乔木，嫩枝无毛，顶芽秃净。叶革质，倒卵形，长 7~14cm，宽 3.5~5.5cm，先端急锐尖，基部阔楔形，上面浅绿色，暗晦，下面浅黄绿色，无黑腺点，侧脉 6~9 对，边缘有锐利细锯齿，叶柄长 5~7mm。花白色萼片圆形被毛，花瓣 6~7 片；花丝连生成管；子房被毛，花柱 3 条。蒴果近无柄，球形，直径 3~3.5cm，3 室，每室有种子 1 枚，果皮多皱折和瘤状凸起，3 片裂开，果爿厚 2~4mm，有毛；种子半圆球形，表面有绒毛，无宿存萼片。花期 3~4 月，果 9 月成熟。

### 【地理分布】

模式标本采自贵州安龙。

### 【野外生境】

生于中国西南海拔 750m 左右的常绿林中。

### 【价值用途】

具有遗传育种研究价值，可做庭园观赏植物。

### 【资源现状】

在产地已建立自然保护区，三峡植物园 2014 年引种栽植，能正常生长，枝条年生长量 9~16cm，4 年生植株暂未见开花。

### 【濒危原因】

野生资源数量稀少，原生地环境受到破坏，种子自然繁殖率低。

### 【保护措施】

采取就地保护和迁地保护措施保存现有野生植株，开展品种驯化研究及人工繁育种苗，园艺化栽培扩大种群数量和分布范围。

### 【繁殖技术】

种子繁殖，扦插繁殖。

# 狭叶瘤果茶

拉 丁 名：*Camellia neriifolia* Chang　　英文名称：Camellia neriifolia

科　　属：山茶科（Theaceae）山茶属（*Camellia*）　　保护级别：珍稀濒危

## 【形态特征】

小乔木，嫩枝无毛，干后有光泽。叶薄革质，狭披针形，长 7~11cm，宽 2~2.5cm，先端尾状渐尖，基部阔楔形或近圆形，上面深绿色，暗晦或稍发亮，下面黄绿色，无毛，侧脉每边 7~9 条，在上面明显，在下面能见，网脉在上下两面均不明显，全缘，叶柄长约 1cm。花顶生，无柄；苞片 4，干膜质，先端略圆，长 4~7mm，略被毛；萼片 5，卵形，长 1~1.2cm，先端略尖，被丝毛：花瓣及雄蕊未见：花柱 3 条，离生，无毛。蒴果无毛，表面有瘤，3 室，果皮厚 5mm。

## 【地理分布】

产自贵州赤水金沙。

## 【野外生境】

生于中国西南海拔 1100~1200m 的常绿林或常绿落叶混交林中。

## 【价值用途】

可做观赏植物和油料植物。

## 【资源现状】

三峡植物园 2015 年引种栽植，生长适应性良好，枝条年生长量 25~48cm，4 年生植株暂未看到花和果。

## 【濒危原因】

野生资源数量稀少，原生地环境受到破坏，种子自然繁殖率低。

## 【保护措施】

采取就地保护和迁地保护措施保存现有野生植株，开展品种驯化研究及人工繁育种苗，园艺化栽培扩大种群数量和分布范围。

## 【繁殖技术】

种子繁殖，扦插繁殖。

# 峨眉红山茶

拉 丁 名：*Camellia omeiensis* Chang

英文名称：Camellia omeiensis

科　　属：山茶科（Theaceae）山茶属（*Camellia*）

保护级别：珍稀濒危

### 【形态特征】

常绿灌木或小乔木。嫩枝无毛。叶互生，厚革质，长椭圆形，长 9~12cm，宽 4~5cm；边缘有尖锐密锯齿，侧脉 6~7 对，与网脉在上面略下陷，叶缘具钝齿。花顶生，红色，直径 7~9cm，两性，无柄；苞被片 10 枚，下部 3~4 片半圆形，上部各片近圆形，背面有黄白色绢毛，花后苞被脱落；花瓣 8~9 片，外面 2~3 片近圆形，长 3~3.5cm，内面 6~7 片阔倒卵形，长 4~5cm；雄蕊多数，外轮花丝下部连合成花丝管，花丝有毛；子房 3 室，有毛，花柱长 3~3.5cm，连合，先端 0.5~1cm 处 3 裂。蒴果圆球形，有毛，每室有种子 2 枚，果皮较厚，木质。花期 3~5 月。

### 【地理分布】

产四川，贵州毕节、赤水等地。

### 【野外生境】

生于中国西南海拔 1400m 的常绿林或常绿落叶混交林中。

### 【价值用途】

是优良的油料植物和园林观赏树种。

### 【资源现状】

三峡植物园 2015 年引种保存，生长适应性良好，枝条年生长量 12~35cm，4 年生植株未见花。

### 【濒危原因】

野生资源数量稀少，原生地环境受到破坏，种子自然繁殖率低。

### 【保护措施】

采取就地保护和迁地保护措施保存现有野生植株，开展品种驯化研究及人工繁育种苗，园艺化栽培

扩大种群数量和分布范围。

### 【繁殖技术】

种子繁殖，扦插繁殖。

# 隐脉红山茶

拉 丁 名：*Camellia cryptoneura* Chang　　英文名称：Camellia cryptoneura
科　　属：山茶科（Theaceae）山茶属（*Camellia*）　　保护级别：珍稀濒危

## 【形态特征】

乔木，嫩枝无毛。叶革质，长圆状倒披针形，先端渐尖，基部楔形；花 1~2 朵生枝顶，粉红色，无柄；花蕾椭圆卵形；苞片及萼片 8 片，最下 3 片半圆形，背面有毛，内侧 5 片近圆形，两面有毛；花瓣 8 片，最外侧 2~3 片背面有毛，内侧 5~6 片倒卵形，基部连生，背面无毛；雄蕊约 4 轮，外轮雄蕊与花瓣基部连生，内轮雄蕊分离，无毛；子房与花柱基部有毛，先端 3 浅裂。蒴果球形，直径 4cm，被灰褐色毛，3 室；种子 1~2 枚。花期 12 月至翌年 1 月。

## 【地理分布】

模式标本采自广西龙胜，分布于大苗山、元宝山和湘南通道。

## 【野外生境】

生于中国西南海拔 1000m 的常绿林或常绿落叶混交林中。

## 【价值用途】

可做观赏植物和油料植物。

## 【资源现状】

三峡植物园 2015 年引种栽植，生长适应性良好，枝条年生长量 12~26cm，4 年生植株未见花和果。

## 【濒危原因】

野生资源数量稀少，原生地环境受到破坏，种子自然繁殖率低。

## 【保护措施】

采取就地保护和迁地保护措施保存现有野生植株，开展品种驯化研究及人工繁育种苗，园艺化栽培扩大种群数量和分布范围。

## 【繁殖技术】

种子繁殖，扦插繁殖。

# 卵果红山茶

拉 丁 名：*Camellia oviformis* Chang

英文名称：Camellia oviformis

科　　属：山茶科（Theaceae）山茶属（*Camellia*）

保护级别：珍稀濒危

## 【形态特征】

乔木，树皮褐色，嫩枝无毛。叶革质，长圆形，先端急尖，基部阔楔形，无毛；侧脉 7~8 对，在上面凹下，边缘有锐利锯齿，齿刻相隔 1.5~2.5mm，齿尖长 1mm，叶柄长约 1cm，无毛。花顶生，红色，无柄；苞片及萼片 10 片，外侧有绢毛，最下 3 片半月形，长 2~6mm，宽 4~11mm，内侧 7 片圆形至卵圆形，长 8~14mm；花瓣 8 片，倒卵形，背面有绢毛；雄蕊多轮，外轮花丝下半部连合成短管；子房有毛，花柱先端 3 浅裂。蒴果卵形，长 9cm，宽 7.5cm，基部圆，先端稍窄而钝，褐色，3 室，每室有种子 1~2 枚，3 片裂开，果片厚 1~1.5cm，木栓质；种子长 2.5~3.5cm。花期 12 月。

## 【地理分布】

模式标本采自广西荔浦县栗木苏家队，乐业山地。

## 【野外生境】

生于中国西南海拔 1000m 的常绿林或常绿落叶混交林中。

## 【价值用途】

是优良的观赏植物和油料植物。

## 【资源现状】

三峡植物园 2015 年引种栽植，生长适应性良好，枝条年生长量 8~22cm，4 年生植株可正常开花，未见果。

## 【濒危原因】

野生资源数量稀少，原生地环境受到破坏，种子自然繁殖率低。

## 【保护措施】

采取就地保护和迁地保护措施保存现有野生植株，开展品种驯化研究及人工繁育种苗，园艺化栽培扩大种群数量和分布范围。

## 【繁殖技术】

种子繁殖，扦插繁殖。

# 寡瓣红山茶

拉 丁 名：*Camellia paucipetala* Chang　　　　英文名称：Camellia paucipetala
科　　属：山茶科（Theaceae）山茶属（*Camellia*）　　保护级别：珍稀濒危

## 【形态特征】

灌木或小乔木，嫩枝无毛。叶革质，狭长圆形或狭披针形，先端渐尖，基部楔形，下延，边缘有细锯齿，叶柄长 5~8mm。花红色，直径 6~7.5cm，近顶生，几无柄；苞片及萼片革质，8~9 片，最外 3~4 片较小，无毛；内侧 5~6 片倒卵形，长 1~1.3cm，被贴生柔毛；花瓣 6~7 片，倒卵状心形，长 2.5~4.2cm，基部连生成短管，无毛；雄蕊长 1.5~2cm，外轮花丝略连生，花丝管长 2~5mm，与游花丝均无毛；子房 3 室，被茸毛，花柱长 2~2.5cm，先端 3 裂，裂片长短不一。蒴果宽 2.5cm。

## 【地理分布】

模式标本采自贵州盘县，分布于毕节。

## 【野外生境】

生于中国西南海拔 1650m 的山地灌丛。

## 【价值用途】

是优良的观赏植物和油料植物。

## 【资源现状】

三峡植物园 2015 年引种栽植，生长适应性良好，枝条年生长量 6~14cm，4 年生植株可正常开花，未见果。

## 【濒危原因】

野生资源数量稀少，原生地环境受到破坏，种子自然繁殖率低。

## 【保护措施】

采取就地保护和迁地保护措施保存现有野生植株，开展品种驯化研究及人工繁育种苗，园艺化栽培扩大种群数量和分布范围。

## 【繁殖技术】

种子繁殖，扦插繁殖。

# 凹脉金花茶

拉 丁 名：*Camellia impressinervis* Chang et S. Y. Liang

英文名称：Camellia impressinervis

科　　属：山茶科（Theaceae）山茶属（*Camellia*）

保护级别：国家二级保护植物

## 【形态特征】

灌木，嫩枝有短粗毛。叶革质，椭圆形，长12~22cm，宽5.5~8.5cm，先端急尖，基部阔楔形或窄而圆，下面黄褐色，被柔毛，有黑腺点，侧脉10~14对，与中脉在上面凹下，在下面强烈凸起，边缘有细锯齿，叶柄长1cm，上面有沟，无毛；花1~2朵腋生；苞片新月形，散生，宿存，萼片宿存；花瓣12片，无毛。雄蕊近离生，花丝无毛；子房无毛，花柱2~3条，无毛。蒴果扁圆形，2~3室，室间凹入成沟状2~3条，三角扁球形或哑铃形，高1.8cm，宽3cm，每室有种子1~2枚，果爿厚1~1.5mm，有宿存苞片及萼片；种子球形，宽1.5cm。花期1月。

## 【地理分布】

模式标本采自广西龙津。

## 【野外生境】

生于中国西南海拔650m的山地常绿林。

## 【价值用途】

是优良的观赏植物和油料植物。

## 【资源现状】

三峡植物园2015年引种栽植，生长适应性良好，枝条年生长量12~26cm，4年生植株已正常开花，未见果。

## 【濒危原因】

野生资源数量稀少，原生地环境受到破坏，种子自然繁殖率低。

## 【保护措施】

采取就地保护和迁地保护措施保存现有野生植株，开展品种驯化研究及人工繁育种苗，园艺化栽培扩大种群数量和分布范围。

## 【繁殖技术】

播种繁殖，扦插繁殖。

# 金花茶

拉 丁 名：*Camellia nitidissima* Chi 　　　　英文名称：Camellia nitidissima
科　　属：山茶科（Theaceae）山茶属（*Camellia*）　　保护级别：国家二级保护植物

## 【形态特征】

灌木，嫩枝无毛。叶革质，长圆形或披针形，或倒披针形，无毛，有黑腺点，中脉及侧脉7对，在上面陷下，在下面突起，边缘有细锯齿，叶柄长 7~1lmm，无毛。花黄色，腋生，单独，花柄长 7~10mm；苞片 5 片，花瓣 8~12 片，近圆形，长 1.5~3cm，宽 1.2~2cm，基部略相连生，边缘有睫毛；雄蕊排成 4 轮，外轮与花瓣略相连生，花丝近离生或稍连合，无毛，长 1.2cm；子房无毛，3~4 室，花柱 3~4 条，无毛，长 1.8cm。蒴果扁三角球形，3 爿裂开，果爿厚 4~7mm，中轴 3~4 角形，先端 3~4 裂；果柄长 1cm，有宿存苞片及萼片，种子 6~8 枚，长约2cm。花期 1l~12 月。

## 【地理分布】

模式标本采自广西十万大山天堂冲。

## 【野外生境】

生于中国西南海拔 650m 的山地常绿林。

## 【价值用途】

是优良的观赏植物和油料植物。

## 【资源现状】

三峡植物园 2015 年引种栽植，生长适应性良好，枝条年生长量 6~16cm，4 年生植株可正常开花，未见果。

## 【濒危原因】

野生资源数量稀少，原生地环境受到破坏，种子自然繁殖率低。

## 【保护措施】

采取就地保护和迁地保护措施保存现有野生植株，开展品种驯化研究及人工繁育种苗，园艺化栽培扩大种群数量和分布范围。

## 【繁殖技术】

种子繁殖，扦插繁殖。

# 小果金花茶（变种）

拉丁名：*Camellia nitidissima* Chi var. *microcarpa* Chang et Ye  英文名称：Camellia nitidissima

科　　属：山茶科（Theaceae）山茶属（*Camellia*）  保护级别：珍稀濒危

## 【形态特征】

灌木，嫩枝无毛。叶革质，长圆形或披针形，或倒披针形，先端尾状渐尖，基部楔形，上面深绿色，发亮，下面浅绿色，有黑腺点，均无毛，中脉及侧脉 7 对，边缘有细锯齿，齿刻相隔 1~2mm，叶柄长 7~11mm。花黄色，腋生，花柄长 7~10mm；苞片 5 片，散生，阔卵形，宿存；萼片 5 片，卵圆形至圆形，基部略连生，先端圆，背面略有微毛；花瓣 8~12 片，近圆形，基部略相连生，边缘有睫毛；雄蕊排成 4 轮，外轮与花瓣略相连生，花丝近离生或稍连合，长 1.2cm；子房 3~4 室，花柱 3~4 条，长 1.8cm。蒴果扁三角球形，长 3.5cm，宽 4.5cm，3 爿裂开，果爿厚 4~7mm；有宿存苞片及萼片；种子 6~8 枚，长约 2cm。花期 11~12 月。

## 【地理分布】

产广西南宁一带。

## 【野外生境】

生于中国西南海拔 650m 的山地常绿林。

## 【价值用途】

具有观赏及药用价值。

## 【资源现状】

在产地已建立自然保护区，三峡植物园 2015 年引种，生长适应性良好，枝条年生长量可达 18~50cm，4 年生植株暂未见开花。

## 【濒危原因】

野生资源数量稀少，原生地环境受到破坏，种子自然繁殖率低。

## 【保护措施】

采取就地保护和迁地保护措施保存现有野生植株，开展品种驯化研究及人工繁育种苗，园艺化栽培扩大种群数量和分布范围。

## 【繁殖技术】

种子繁殖，扦插繁殖。

# 弄岗金花茶

拉 丁 名：*Camellia grandis* (Liang et Mo) Chang et S. Y. Liang

英文名称：Camellia grandis

科　　属：山茶科（Theaceae）山茶属（*Camellia*）

保护级别：国家二级保护植物

## 【形态特征】

灌木，嫩枝无毛。叶纸质或薄革质，椭圆形或倒卵状椭圆形，亦有长卵形，先端急尖或渐尖，基部圆形或钝，上面干后灰褐色，下面无毛，侧脉 7~9 对，在上面明显，在下面凸起，边缘有细锯齿，叶柄长 8~10mm。花单生于叶腋，黄色；苞片半圆形，细小，4~5 片，宿存；萼片 5，近圆形，长 3~6mm，外侧秃净；花瓣 7~9 片，稀更多，倒卵形，长 1.2~2cm，外侧有短柔毛；雄蕊长 1.2cm，外轮花丝基部略连生；子房无毛，花柱 3 条，离生，长 8~10mm。蒴果扁三角球形，直径 2~3cm，每室有种子 1~2 枚，果皮厚 1mm；种子被褐色柔毛。

## 【地理分布】

模式标本采自广西弄岗及宁明县。

## 【野外生境】

生于中国西南海拔 650m 的山地常绿林。

## 【价值用途】

可做观赏植物和油料植物。

## 【资源现状】

三峡植物园 2015 年引种栽植，生长适应性良好，枝条年生长量 8~16cm，4 年生植株未见花和果。

## 【濒危原因】

野生资源数量稀少，原生地环境受到破坏，种子自然繁殖率低。

## 【保护措施】

采取就地保护和迁地保护措施保存现有野生植株，开展品种驯化研究及人工繁育种苗，园艺化栽培扩大种群数量和分布范围。

## 【繁殖技术】

种子繁殖，扦插繁殖。

# 龙州金花茶

拉 丁 名：*Camellia lungzhouensis* Luo　　　　英文名称：Camellia lungzhouensis

科　　属：山茶科（Theaceae）山茶属（Camellia）　保护级别：国家二级保护植物

## 【形态特征】

常绿灌木，树皮灰褐色。顶芽长 1.5~2.5cm，有芽鳞 6~10 片，被银色柔毛。叶革质，长椭圆形，长7.5~19cm，宽 3.5~6cm，先端急尖，边缘有细锯齿，齿尖有黑腺点；叶柄长 l~1.2cm，无毛。花单生于叶腋或顶生，直径 2~4cm，近无柄；苞片 5~6 片，圆形，宽2~4mm，外面被柔毛；萼片 5 片，圆形或卵形，宽3~5mm，外面有紫色斑块，被柔毛；花瓣金黄色，9片，离生，圆形至长圆形，略被短柔毛；外轮雄蕊略连生，花丝管长 2mm，子房被白毛，3 室，花柱 3条离生。蒴果三球形，宽 2~2.5cm，被毛，果皮薄。

## 【地理分布】

模式标本采自广西龙州。

## 【野外生境】

生于中国西南海拔 650m 的山地疏林。

## 【价值用途】

可做观赏植物和油料植物。在治疗心血管疾病、降血脂、血糖，防止老年失明方面也有显著功效。

## 【资源现状】

三峡植物园 2015 年引种栽植，生长适应性良好，枝条年生长量 22~42cm，4 年生植株暂未见开花。

## 【濒危原因】

野生资源数量稀少，原生地环境受到破坏，种子自然繁殖率低。

## 【保护措施】

采取就地保护和迁地保护措施保存现有野生植

株，开展品种驯化研究及人工繁育种苗，园艺化栽培扩大种群数量和分布范围。

## 【繁殖技术】

种子繁殖，扦插繁殖。

# 长柄山茶

拉 丁 名：*Camellia longipetiolata* (Hu) Chang et Fang    英文名称：Camellia longipetiolata
科　　属：山茶科（Theaceae）山茶属（*Camellia*）    保护级别：珍稀濒危

【形态特征】

　　灌木，嫩枝纤细，被茸毛。叶革质，椭圆形或阔卵形，长 4~4.5cm，宽 2~3.2cm，先端钝尖或略钝，基部楔形，有时近圆形。花白色，顶生，直径 4.5cm，花柄长 1.2cm，有毛；苞片 6 片，阔卵形，长 1.5mm，无毛，散生于花柄上；萼片 7 片，基部连生约 2mm，卵形，长 4~7mm，宽 7~9mm，外面无毛；花瓣 9 片，倒卵形，基部略连生，外侧 2 片稍革质，长 11mm，其余长 3cm，宽 2cm；雄蕊 4 轮，长 11mm，花丝全部有毛，内轮雄蕊离生，外轮的 2/3 连生，子房无毛，花柱 3 条，离生，长 3.5cm。花期 2 月。

【地理分布】

　　模式标本采自广西忻城。

【野外生境】

　　生于中国西南海拔 700m 的山地疏林。

【价值用途】

　　可做观赏植物和油料植物。

【资源现状】

　　三峡植物园 2015 年引种栽植，生长适应性极强，速生，枝条年生长量 0.7~1.8m，4 年生植株树高近 3m，胸径 3cm，暂未开花。

【濒危原因】

　　野生资源数量稀少，原生地环境受到破坏，种子自然繁殖率低。

【保护措施】

　　采取就地保护和迁地保护措施保存现有野生植株，开展品种驯化研究及人工繁育种苗，园艺化栽培扩大种群数量和分布范围。

【繁殖技术】

　　种子繁殖，扦插繁殖。

# 广西茶

拉 丁 名：*Camellia kwangsiensis* Chang
科　　属：山茶科（Theaceae）山茶属（*Camellia*）
主要别名：七里香、仙归茶

英文名称：Camellia kwangsiensis
保护级别：珍稀濒危

## 【形态特征】

灌木或小乔木，嫩枝无毛。叶革质，长圆形，长10~17cm，宽4~7cm，先端渐尖或急短尖，尖头钝，无毛，下面浅灰褐色，无毛；侧脉8~13对，在上下两面均稍突起，以50°~60°交角斜行，边缘有密锯齿，齿刻相隔2~2.5mm，叶柄长8~12mm，无毛。花顶生，花柄长7~8mm，粗大，苞片2片，早落；萼片5片，近圆形，长6~7mm，宽8~12mm，背面无毛，内侧有短绢毛；花瓣及雄蕊已脱落；子房无毛，5室。蒴果圆球形，果皮厚7~8mm。宿存花萼直径2.5cm。

## 【地理分布】

为中国特有，产于中国广西田林、云南西畴。

## 【野外生境】

生于海拔100~2000m，表土深，土质疏松，排水良好的砂质土壤或砂质黏土的山地疏林。

## 【价值用途】

可做观赏植物和油料植物。

## 【资源现状】

三峡植物园2015年引种栽植，适宜引种地生长，枝条年生长量9~16cm，4年生植株未见开花。

## 【濒危原因】

野生资源数量稀少，原生地环境受到破坏，种子自然繁殖率低。

## 【保护措施】

采取就地保护和迁地保护措施保存现有野生植株，开展品种驯化研究及人工繁育种苗，园艺化栽培

扩大种群数量和分布范围。

## 【繁殖技术】

种子繁殖，扦插繁殖。

# 狭叶茶

拉 丁 名：*Camellia angustifolia* Chang　　　　英文名称：Camellia angustifolia

科　　属：山茶科（Theaceae）山茶属（*Camellia*）　　保护级别：珍稀濒危

【形态特征】

灌木，嫩枝极秃净，老枝灰褐色。叶革质，披针形，长 7~11cm，宽 1.8~2.8cm，先端渐尖，尖头略钝，基部楔形，上面干后灰褐色，暗晦，无毛，下面浅褐色，无毛；侧脉 6~8 对，在上下两面均隐约可见，网脉不明显，边缘有细锯齿，齿刻相隔 1.5~2mm，叶柄长 5~8mm，无毛。蒴果圆球形，被长粗毛，3 室。果皮厚 4~5mm。宿存萼片 5 片，近圆形，长 6~9mm，宽 6~11mm，先端圆，背面无毛。果柄长 1cm，中部有 2 个苞片遗下的环痕。

【地理分布】

模式标本采自广西大瑶山。

【野外生境】

生于中国西南海拔 800m 的山地疏林。

【价值用途】

可做观赏植物和油料植物。

【资源现状】

三峡植物园 2015 年引种栽植，适应性良好，枝条年生长量 13~32cm，4 年生植株可见开花，未见果。

【濒危原因】

野生资源数量稀少，原生地环境受到破坏，种子自然繁殖率低。

株，开展品种驯化研究及人工繁育种苗，园艺化栽培扩大种群数量和分布范围。

【保护措施】

采取就地保护和迁地保护措施保存现有野生植

【繁殖技术】

种子繁殖，扦插繁殖。

# 防城茶

拉 丁 名：*Camellia fengchengensis* Liang et Zhong
科　　属：山茶科（Theaceae）山茶属（*Camellia*）

英文名称：Camellia fengchengensis
保护级别：国家二级保护植物

## 【形态特征】

小乔木，嫩枝被茸毛。叶薄革质，椭圆形，长
13~29cm，宽 5.5~12.5cm，先端短急尖或钝，基部阔
楔形或略圆，下面密被柔毛；侧脉 11~17 对，在上下
两面均突起，边缘有细锯齿。叶柄长 3~10mm，被柔
毛。花白色，直径 2~3.5cm，生叶腋；苞片 2，早落；
萼片 5，近圆形，长 3~3.5mm，被灰褐色柔毛；花瓣
5 片，卵圆形，先端圆形，基部稍合生，外面被柔毛；
雄蕊 3~4 轮，外轮花丝长约 1cm，基部稍合生。子房
3 室，被灰白色茸毛；花柱长 6~10mm，先端 3 裂。蒴
果三角状扁球形，宽 1.8~3.2cm，果爿厚 1.5mm。种
子每室 1 枚。花期 11 月至翌年 2 月。

## 【地理分布】

模式标本采自广西防城华石乡那湾。

## 【野外生境】

生于中国海拔 320m 的山谷次生林。

## 【价值用途】

是优良保健饮品植物。

## 【资源现状】

三峡植物园 2015 年引种栽植，适宜引种地环
境，生长正常，枝条年生长量 16~38cm，4 年生植株
未见开花。

## 【濒危原因】

野生资源数量稀少，原生地环境受到破坏，种子
自然繁殖率低。

## 【保护措施】

采取就地保护和迁地保护措施保存现有野生植
株，开展品种驯化研究及人工繁育种苗，园艺化栽培
扩大种群数量和分布范围。

## 【繁殖技术】

种子繁殖，扦插繁殖。

# 细萼茶

拉 丁 名：*Camellia parvisepala* Chang  英文名称：Camellia parvisepala
科　　属：山茶科（Theaceae）山茶属（*Camellia*）  保护级别：珍稀濒危

## 【形态特征】

灌木，嫩枝有柔毛。叶倒卵形，薄革质，长
11~19cm，宽 5~8cm，先端急尖，尖头长 1~1.5cm，基
部钝或略圆，侧脉 10~13 对，无毛，边缘有细锯
齿，叶柄长 4~7mm。花腋生，细小，白色，花柄长
3~5mm；苞片 2，位于花柄中部，对生；萼片 5 片，圆
卵形，长 3mm，先端钝，有睫毛，花瓣 6 片，无
毛，外面 3 片阔椭圆形，长 8~9mm，稍带革质，内
面 3 片倒卵形，长 1~1.2cm，基部连生；雄蕊 3~4
轮，长 7~9mm，花丝离生；子房被灰毛，3 室；花柱
长 6mm，纤细，无毛，先端 3 裂。

## 【地理分布】

模式标本采自云南思茅、广西凌乐。

## 【野外生境】

生于中国西南海拔 650m 的山地疏林。

## 【价值用途】

是优良保健饮品植物。

## 【资源现状】

三峡植物园 2015 年引种栽植，适应性良好，枝
条年生长量 12~34cm，4 年生植株可正常开花，未
见果。

## 【濒危原因】

野生资源数量稀少，原生地环境受到破坏，种子
自然繁殖率低。

## 【保护措施】

采取就地保护和迁地保护措施保存现有野生植
株，开展品种驯化研究及人工繁育种苗，园艺化栽培
扩大种群数量和分布范围。

## 【繁殖技术】

种子繁殖，扦插繁殖。

# 肖长尖连蕊茶

拉 丁 名：*Camellia subacutissima* Chang  英文名称：Camellia subacutissima
科 属：山茶科（Theaceae）山茶属（*Camellia*）  保护级别：珍稀濒危

【形态特征】

　　灌木，嫩枝有褐色柔毛。叶革质，卵状披针形，长5~6cm，宽1.5~2cm，先端尾状渐尖，基部圆形或钝，边缘有钝锯齿；叶柄长4~5mm，多柔毛。蒴果腋生，球形，直径1~1.3cm，无毛，1室，有种子1枚，3爿裂开；果柄极短。宿存苞片4，半圆形，长1mm，无毛。萼片阔卵形，长2.5~3mm，无毛。

【地理分布】

　　分布于广西大苗山及湖南黔阳。

【野外生境】

　　生于中国西南海拔650m的山地疏林。

【价值用途】

　　可做观赏植物和油料植物。

【资源现状】

　　三峡植物园2015年引种栽植，适应性良好，可正常生长，枝条年生长量50~82cm，4年生植株已开花，已结果。

【濒危原因】

　　野生资源数量稀少，原生地环境受到破坏，种子自然繁殖率低。

【保护措施】

　　采取就地保护和迁地保护措施保存现有野生植株，开展品种驯化研究及人工繁育种苗，园艺化栽培扩大种群数量和分布范围。

【繁殖技术】

　　种子繁殖，扦插繁殖。

# 披针萼连蕊茶

拉 丁 名：*Camellia lancicalyx* Chang    英文名称：Camellia lancicalyx

科　　属：山茶科（Theaceae）山茶属（*Camellia*）    保护级别：珍稀濒危

## 【形态特征】

灌木，嫩枝有短柔毛。叶革质，披针形，长4~5mm，宽1~1.3cm，先端尾状渐尖，基部钝或略圆，边缘有钝锯齿，叶柄长2~3mm，有柔毛。花1~2朵生于枝顶叶腋，白色，花柄极短。苞片3片位于花柄基部，卵形，被毛；萼片5片，披针形或长圆形，长3~4mm，宽1.5mm，基部离生，先端略尖或钝，背面有柔毛；花瓣6片，最外2片卵形，长6~8mm，背有毛，内侧4片长圆形，长1~1.2cm，宽2~3mm，基部连生约2mm，背有短绢毛；雄蕊长1cm，下半部连生成花丝管，无毛，上半部花丝离生，有柔毛；子房无毛，花柱长1cm，先端3浅裂。花期10月。

## 【地理分布】

模式标本采自广西武鸣大明山。

## 【野外生境】

生于中国西南山地疏林。

## 【价值用途】

是很有价值的观赏植物和油料植物。

## 【资源现状】

三峡植物园2015年引种栽植，适应性良好，能正常生长，枝条年生长量22~52cm，4年生植株暂未开花。

## 【濒危原因】

野生资源数量稀少，原生地环境受到破坏，种子自然繁殖率低。

## 【保护措施】

采取就地保护和迁地保护措施保存现有野生植株，开展品种驯化研究及人工繁育种苗，园艺化栽培扩大种群数量和分布范围。

## 【繁殖技术】

种子繁殖，扦插繁殖。

# 坡 垒

拉 丁 名：*Hopea hainanensis* Merr. et Chun
英文名称：Hopea hainanensis

科　　属：龙脑香科（Dipterocarpaceae）坡垒属（*Hopea*）
保护级别：国家一级保护植物

## 【形态特征】

乔木，具白色芳香树脂，高约 20m；树皮灰白色或褐色，具白色皮孔。叶近革质，长圆形至长圆状卵形，先端微钝或渐尖，基部圆形；叶柄粗壮，长约 2cm，均无毛或具粉状鳞秕。圆锥花序腋生或顶生，长 3~10cm，密被短的星状毛或灰色绒毛。花偏生于花序分枝的一侧，每朵花具早落的小苞片 1 枚。花期 6~7 月，果期 11~12 月。

## 【地理分布】

分布于中国海南和越南义安。海南岛主要分布于南部吊罗山、黎母山、鹦哥岭、五指山、尖峰岭、霸王岭等热带雨林区。

## 【野外生境】

生于海拔 700m 左右的密林中。

## 【价值用途】

为有名的高强度用材，经久耐用，宜做渔轮码头桩材、桥梁和其它建筑用材等。

## 【资源现状】

20 世纪 60 年代北移引种至广东、广西、福建、云南南部，生长良好。2016 年武汉植物园赠送给三峡植物园试种，大棚内栽植生长较慢，露地越冬困难。

## 【濒危原因】

坡垒树种生长缓慢，而林下为幼苗提供光照能力弱，这是导致其濒危的自身因素；森林面积缩小使得生存空间减小；过度采伐利用，致使母株减少。

## 【保护措施】

开展原地保护及迁地保护，建立种质资源保存库，营造人工林。

## 【繁殖技术】

种子繁殖，扦插繁殖。

# 疏花水柏枝

## 柽柳科

拉 丁 名：*Myricaria laxiflora* (Franch.) P. Y. Zhang et Y. J. Zhang

英文名称：Myricaria laxiflora

科　　属：柽柳科（Tamaricaceae）水柏枝属（*Myricaria*）

保护级别：湖北省珍稀濒危种

主要别名：水柏树、水浪棵子

### 【形态特征】

　　落叶直立灌木，高约 1.5m。老枝红褐色或紫褐色，光滑，当年生枝绿色或红褐色。叶密生于当年生枝绿色小枝上，披针形或长圆形，先端钝或锐尖，常内弯，基部略扩展，具狭膜质边。总状花序通常顶生，长 6~12cm，较稀疏；苞片披针形或卵状披针形，长约 4mm，宽约 1.5mm，先端钝或锐尖，具狭膜质边；花梗长约 2mm；花两性；萼片 5，披针形或长圆形；花瓣 5，倒卵形，长 5~6mm，宽 2mm，粉红色或淡紫色；雄蕊 10，花丝 1/2 或 1/3 部分合生；子房圆锥形，长约 4mm。蒴果狭圆锥形，长 6~8mm；种子长 1~1.5mm，顶端芒柱一半以上被白色长柔毛。花果期 6~8 月。

### 【地理分布】

　　在湖北分布于宜昌、枝江、宜都和秭归的长江边，巴东及四川巫山峡口长江两岸地区也有分布。

### 【野外生境】

　　生长于路旁及河岸边。

### 【价值用途】

　　疏花水柏枝为三峡地区特有植物，因三峡大坝的蓄水，其大部分已灭绝，处于极度濒危状态。具有良好的固土绿化作用。

### 【资源现状】

　　据调查长江三峡库区江边及河岸边已无天然分布，长江宜都官洲、宜昌胭脂坝、枝江江心洲有天然分布。在重庆巫溪县和丰都县、湖北省兴山县、宜昌市、秭归、中国科学院武汉植物园（武昌磨山）均有迁地保护点。2002 年三峡植物园收集三峡库区种源，建立 120m² 的保存圃，生长良好，开花结果，扦插繁殖成活率高，未见种子萌发成幼苗。

### 【濒危原因】

　　种子寿命短，仅为 7~10d，需在短期内遇到合适条件才会萌发；江水冲击使幼苗无法扎根，幼苗存活率低；三峡库区蓄水导致该区域内生长的疏花水柏枝野生种群全部被淹没。

### 【保护措施】

　　原地保护已发现的分布点生境及群落；开展疏花水柏枝扦插繁殖育苗，进行回归保护；开展离体培养和种子超低温保存研究。

### 【繁殖技术】

　　种子繁殖，扦插繁殖。

# 喜 树　　　　　　　　　　　　蓝果树科（珙桐科）

拉 丁 名：*Camptotheca acuminata* Decne.　　英文名称：Camptotheca acuminata

科　　属：蓝果树科（Nyssaceae）喜树属（*Camptotheca*）　　保护级别：国家二级珍稀濒危保护植物、极小种群

主要别名：旱莲木、千丈树、水栗

## 【形态特征】

落叶乔木。树皮纵裂成浅沟状。小枝圆柱形，具皮孔。叶互生，纸质，矩圆状卵形，长 12~28cm，宽 6~12cm，顶端短锐尖，基部近圆形，全缘，幼树叶常具锯齿，下面疏生短柔毛，叶脉更密，侧脉 11~15 对；叶柄长 1.5~3cm。头状花序，直径 1.5~2cm，常由 2~9 个头状花序组成圆锥花序，常上部为雌花序，总花梗长 4~6cm。花杂性，同株，裂片齿状，边缘睫毛状；花瓣 5 枚，淡绿色，矩圆形或矩圆状卵形；花盘显著，微裂；雄蕊 10，排成 2 轮；子房下位。翅果矩圆形，长 2~2.5cm，顶端具宿存的花盘，两侧具窄翅，黄褐色，着生成近球形的头状果序。花期 5~7 月，果期 9 月。

## 【地理分布】

在湖北分布于鹤峰、巴东、崇阳、阳新等地，在四川、江西、湖南、贵州、广东、广西、浙江、江苏等省区也有分布。现各地栽培。

## 【野外生境】

生于海拔 1000m 以下的林边或溪边，在河滩、沙地、河湖堤岸及地下水位较高的渠道埂边生长都较旺盛。

## 【价值用途】

喜树全株含有抗肿瘤作用的生物碱，亦为优良的用材、绿化观赏及生态防护树种，木材可制家具及造纸原料。

## 【资源现状】

天然林野生资源减少，20 世纪 70 年代三峡植物园收集栽培，生长适应性良好，可正常开花、结果，自然条件下种子能正常更新繁殖。

## 【濒危原因】

野生资源被过度砍伐，天然林分布范围急剧缩小。

## 【保护措施】

严禁砍伐野生资源，开展人工繁育及推广造林。

## 【繁殖技术】

种子繁殖。

# 珙 桐

拉 丁 名：*Davidia involucrata* Baill.  英文名称：Davidia involucrata
科　　属：蓝果树科（Nyssaceae）珙桐属（*Davidia*）  保护级别：国家一级珍稀濒危保护植物
主要别名：鸽子树、水梨子

## 【形态特征】

落叶乔木。树皮呈不规则薄片脱落。叶互生，纸质，阔卵形，常长 9~15cm，宽 7~12cm，先端急尖，基部心形，上面幼时被疏毛，下面密被粗毛，叶柄长 4~5cm。两性花与雄花同株，由多数雄花与 1 个雌花或两性花组成球形的头状花序，苞片 2，长圆形或卵形，长 7~15cm，宽 3~5cm，初淡绿色，后变为乳白色，后变为棕黄色脱落。雄花有雄蕊 1~7，子房下位，6~10 室，顶端有退化花被和雄蕊，花柱常有 6~10 枝。核果长卵形，长 3~4cm，直径 15~20mm，紫绿色具黄色斑点；种子 3~5 枚；果梗粗壮，圆柱形。花期 4 月，果期 10 月。

## 【地理分布】

在湖北天然分布于宜昌、五峰、长阳、兴山、秭归、利川、恩施、鹤峰、巴东、宣恩、神农架、竹山、竹溪、房县等地，在湖南、四川、重庆、贵州、云南、陕西以及甘肃等地也有零星分布。

## 【野外生境】

常生长于海拔 1300~2200m 的陡坡沟谷，湿润常绿阔叶混交林中。

## 【价值用途】

中国特有植物，植物界的"活化石"，在研究植物区系和系统发育、古地理环境、古气候以及生态学方面具有重要科研价值，具有极强的速生性和观赏性。

## 【资源现状】

目前在湖南八大公山自然保护区、湖北星斗山国家级自然保护区、湖北姊妹山自然保护区、湖北后河自然保护区都已开展迁地保护和原生地保护保存。鄂西海拔 1500m 处保存，25 年生人工林平均

树高 11.7m、树冠长度 7.6m、胸径 15.7cm、单株材积 0.1135m$^3$。三峡植物园 2002 年引进栽培，植株微生境对生长量影响差异较大，年生长量 30~50cm 左右，2016、2018 年已开花。

## 【濒危原因】

种群适应性差，种子休眠期长、发芽率低，自然状态更新困难，导致濒危。

## 【保护措施】

加强对原生地的保护，并开展迁地保护，进行苗木快繁及回归研究。

## 【繁殖技术】

种子繁殖。

# 光叶珙桐

拉 丁 名：*Davidia involucrata* Baill. var. *vilmoriniana*　　英文名称：Davidia involucrata

科　　属：蓝果树科（Nyssaceae）珙桐属（*Davidia*）　　保护级别：国家一级保护植物

主要别名：水梨子

【形态特征】

珙桐之变种。本变种与原种的主要区别：叶下面常无毛或幼时沿脉疏被毛，有时下面被白粉。

【地理分布】

在湖北零星分布于宜昌、兴山、长阳、五峰、郧西、竹山、房县、保康、神农架、巴东、建始、鹤峰、恩施、宣恩、利川等地，四川、贵州等地也有分布。

【野外生境】

生于海拔 1800~2200m 的山地林中，常与珙桐混生。

【价值用途】

同珙桐。

【资源现状】

三峡植物园 2002 年引种栽培，微生境对植株生长量影响差异较大，未见开花。鄂西海拔 1600m 处保存 10 年生人工林平均地径 14.5cm、冠幅 4.1m、树高5.75m。

【濒危原因】

种群适应性差，种子休眠期长、发芽率低、自然状态更新困难，导致濒危。

【保护措施】

加强对原生地的保护，并开展迁地保护，进行苗木快繁及回归研究。

【繁殖技术】

种子繁殖。

# 鹅掌柴

# 五加科

拉 丁 名：*Schefflera octophylla* (Lour.) Harms
英文名称：Schefflera octophylla
科　　属：五加科（Araliaceae）鹅掌柴属（*Schefflera*）
保护级别：国家二级保护植物
主要别名：鸭脚木、鸭母树

## 【形态特征】

乔木或灌木，高达 15m，胸径可达 30cm 以上；小枝粗壮，幼时密生星状短柔毛，不久毛渐脱稀。叶有小叶 6~9，最多至 11；叶柄疏生星状短柔毛或无毛；小叶片纸质至革质，椭圆形、长圆状椭圆形或倒卵状椭圆形，稀椭圆状披针形，幼时密生星状短柔毛，后毛渐脱落。圆锥花序顶生，总花梗纤细，有星状短柔毛；花白色；花柱合生成粗短的柱状。果实球形，有不明显的棱；宿存花柱很粗短，长 1mm 或稍短；柱头头状。花期 11~12 月，果期 12 月。

## 【地理分布】

分布西藏、云南、广西、广东、浙江、福建和台湾。

## 【野外生境】

生于海拔 100~2100m 的热带、亚热带地区常绿阔叶林阳坡上。

## 【价值用途】

南方冬季蜜源植物；木材质软，为火柴杆及制作蒸笼原料；叶及根皮民间供药用，治疗流感、跌打损伤等症。

## 【资源现状】

三峡植物园引种栽植近 20 年，保存良好，可正常开花结果。

## 【濒危原因】

野生资源被过度砍伐，天然林分布范围急剧缩小。

## 【保护措施】

严禁砍伐野生资源，开展人工繁育及推广造林。

## 【繁殖技术】

种子繁殖。

# 树 参

拉 丁 名：*Dendropanax dentiger* (Harms) Merr.

英文名称：Dendropanax dentiger

科 属：五加科（Araliaceae）树参属（*Dendropanax*）

保护级别：珍贵药用植物

主要别名：长春木、枫荷梨、鸭脚板

## 【形态特征】

乔木或灌木。叶片厚纸质或革质，叶形变异很大，不分裂叶片通常为椭圆形，稀长圆状椭圆形、椭圆状披针形、披针形或线状披针形，先端渐尖，基部钝形或楔形，分裂叶片倒三角形，掌状2~3深裂或浅裂，稀5裂，两面均无毛，边缘全缘，基脉三出，侧脉4~6对；叶柄无毛。伞形花序顶生，单生或2~5个聚生成复伞形花序；总花梗粗壮，长1~3.5cm；苞片卵形，早落；小苞片三角形，宿存；花梗长5~7mm；萼长2mm，边缘近全缘或有5小齿；花瓣5，三角形或卵状三角形，长2~2.5mm；雄蕊5，花丝长2~3mm；子房5室；花柱5，长不及1mm，基部合生，顶端离生。果实长圆状球形，稀近球形，有5棱，每棱又各有纵脊3条；宿存花柱长1.5~2mm，在上部1/2、1/3或2/3处离生，反曲。花期8~10月，果期10~12月。

## 【地理分布】

广布于湖北（利川）、浙江东南部、安徽南部、湖南南部、四川东南部、贵州西南部、云南东南部、广西、广东、江西、福建和台湾，为本属分布最广的种。

## 【野外生境】

多散生于海拔50~1800m的山地常绿阔叶林或灌丛中。

## 【价值用途】

本种为民间草药，根、茎、叶治偏头痛、风湿痹痛等症。四季常青，可作风景区的骨干树种和林层下的辅佐树种。

## 【资源现状】

资源分布较广，是良好的药用树种，应加大开发利用方面的研究，三峡植物园引种保存生长状况良好。

## 【濒危原因】

野生资源被过度砍伐，天然林分布范围急剧缩小。

## 【保护措施】

严禁砍伐野生资源，开展人工繁育及推广造林。

## 【繁殖技术】

种子繁殖。

# 秤锤树

拉 丁 名：*Sinojackia xylocarpa* Hu
科　　属：安息香科（Styracaceae）秤锤树属（*Sinojackia*）
主要别名：捷克木

英文名称：Sinojackia xylocarpa
保护级别：国家二级珍稀濒危保护植物

## 【形态特征】

　　落叶小乔木；表皮常呈纤维状脱落。叶纸质，倒卵形或椭圆形。总状聚伞花序生于侧枝顶端，有花3~5朵；花梗柔弱而下垂，疏被星状短柔毛，长达3cm；萼管倒圆锥形，高约4mm，外面密被星状短柔毛，披针形；花冠裂片长圆状椭圆形，顶端钝，长8~12mm，宽约6mm，两面均密被星状绒毛。果实卵形，连喙长2~2.5cm，宽1~1.3cm，红褐色，有浅棕色的皮孔，无毛，顶端具圆锥状的喙，外果皮木质，不开裂，中果皮木栓质，厚约3.5mm，内果皮木质，坚硬，厚约1mm；种子1枚，长圆状线形，长约1cm，栗褐色。花期3~4月，果期7~9月。

## 【地理分布】

　　在湖北分布于兴山、长阳、广水、武汉、英山等地，江苏（南京）、杭州、上海等地有栽培。

## 【野外生境】

　　生于海拔500~800m林缘或疏林中。

## 【价值用途】

　　秤锤树花白色、美丽，果实似秤锤颇为美观，宜作园林绿化观赏树种，同时对研究安息香科的系统发育具重要的科学意义。

## 【资源现状】

　　三峡植物园2002年收集保存，生长状况良好，4年生植株能正常开花结果，种子可育，2015年采取播种、扦插育苗，推广栽植3亩。

## 【濒危原因】

　　野生资源分布范围极其狭窄，分布区林地开发利用强度过大导致生境破碎。

## 【保护措施】

　　加强原生地的保护，开展迁地保护，进行苗木快繁及回归研究。

## 【繁殖技术】

　　种子繁殖，扦插繁殖。

# 长果秤锤树

拉 丁 名：*Sinojackia dolichocarpa* C. J. Qi

科　　属：安息香科（Styracaceae）秤锤树属（*Sinojackia*）

英文名称：Sinojackia dolichocarpa

保护级别：濒危种，国家二级珍稀濒危保护植物

## 【形态特征】

乔木，当年生小枝红褐色。叶薄纸质，卵状长圆形或卵状披针形，长 8~13cm，宽 3.5~4.8cm，顶端渐尖，基部宽楔形，边缘有细锯齿，上面除中脉疏生星状柔毛外无毛，下面疏生长柔毛，侧脉每边 8~10 条；叶柄长 4~7mm。总状聚伞花序生于侧生小枝上，花 5~6 朵；花梗长 1.4~2cm，被长柔毛；花萼陀螺形；花冠 4 深裂，白色；雄蕊 8，花丝下部联合成管；花柱钻形，子房 4 室，每室有胚珠 8 颗。果实倒圆锥形，连喙长 4.2~7.5cm，中部宽，具 8 条纵脊，密被灰褐色长柔毛和极短的星状毛，果实常自关节上脱落。花期 4 月，果期 6 月。

## 【地理分布】

在湖北仅分布于秭归县四溪等地，湖南石门及桑植的局部地区也有分布。

## 【野外生境】

生于海拔 200~1200m 的沟谷河畔。

## 【价值用途】

秤锤树属系我国特有的寡种属，形态特殊，而本种又系该属特殊的新种，植株稀少，濒临灭绝，对于研究安息香科的系统发育具有科学意义，具有很高的观赏价值。

## 【资源现状】

因自然生境的破坏，野生资源保存量较少，三峡植物园 2002 年收集保存 2 株，生长适应性良好，5 年生植株可正常开花、结果。

## 【濒危原因】

天然野生资源分布范围极其狭窄，分布区林地开发利用强度过大导致生境破碎。

## 【保护措施】

加强原生地的保护，开展迁地保护，进行苗木快繁及回归研究。

## 【繁殖技术】

种子繁殖。

# 黄梅秤锤树

拉 丁 名：*Sinojackia huangmeiensis* J.W.Ge & X.H.Yao    英文名称：Sinojackia huangmeiensis
科　　属：安息香科（Styracaceae）秤锤树属（*Sinojackia*）    保护级别：国家二级保护植物

【形态特征】

　　落叶灌木或小乔木；当年生枝被星状短柔毛，后脱落。单叶互生，叶纸质，椭圆形或倒卵状椭圆形，长5~12cm，宽2~6cm，先端渐尖，边缘具锯齿，基部楔形；叶柄长2~3mm。总状花序，常4~6花。萼管倒圆锥形，常6齿；花白色，长1~1.2cm，直径0.9~1cm；雄蕊10~12，基部联合成短管；子房下位，3室，每室68胚珠。果卵球形，长1.6~1.8cm，直径0.9~1.2cm，喙较短；干裂后外表皮有较浅的棱。花期3~4月，果期9~10月。

【地理分布】

　　在湖北省黄梅县下新镇钱林村原始次生林中有分布，在其原产地江苏句容、南京已经灭绝。

【野外生境】

　　生于海拔30m的农田附近。

【价值用途】

　　观赏价值和科研价值都很高。

【资源现状】

　　仅在湖北省黄梅县发现200多株，其中开花只有90多株。三峡植物园2015年引进保存3株，生长适应性良好，3年生树高2.2m，已开花，暂未见结果。

【濒危原因】

　　分布范围狭窄，自身结实率低下，且种子发芽率低，导致濒危状态。

【保护措施】

　　加强野生黄梅秤锤树种质资源保护，同时对其进行繁殖生物学研究，通过人工授粉、提高种群结实率和种子萌发率、开展扦插与组织培养等研究，尽快扩大种群数量，并积极开展异地保护。

【繁殖技术】

　　种子繁殖。

# 白辛树

拉 丁 名：*Pterostyrax psilophyllus* Diels ex Perk.

英文名称：Pterostyrax psilophyllus

科　　属：安息香科（Styracaceae）白辛树属（*Pterostyrax*）

保护级别：近危种，国家三级珍稀濒危保护植物

主要别名：鄂西野茉莉、刚毛白辛树、裂叶白辛树

## 【形态特征】

落叶乔木。叶椭圆形、倒卵形，长5~15cm，宽5~9cm，顶端渐尖，基部楔形，边缘具细锯齿，上面被黄色星状毛，后无毛，下面密被星状绒毛，侧脉每边6~11条；叶柄长1~2cm。圆锥花序，长10~15cm；花白色；花萼钟状，萼齿披针形；花瓣长椭圆形或椭圆状匙形；雄蕊10枚；子房密被灰白色粗毛。果近纺锤形，中部以下渐狭，连喙长约2.5cm，5~10棱，密被灰黄色长硬毛。花期4~5月，果期8~10月。

## 【地理分布】

在湖北分布于宜昌、神农架、十堰、恩施等地，湖南、四川、贵州、广西和云南（镇雄）也有分布。

## 【野外生境】

生于海拔600~2000m的湿润林中。

## 【价值用途】

为优良的速生用材树种，亦为庭园绿化之优良树种。

## 【资源现状】

鄂西海拔1600m处保存63年生单株树干带皮材积0.8044m$^3$，去皮材积0.7119m$^3$，单株材积年生长量0.0150m$^3$。三峡植物园2014年引种收集保存，4年生树高达2.5m，地径3cm，未见开花。

## 【濒危原因】

野生资源分布范围极其狭窄，分布区林地开发利用强度过大导致生境破碎。

## 【保护措施】

保护野生种质资源，开展人工驯化及群落抚育更新、人工造林。

## 【繁殖技术】

种子繁殖。

# 呆白菜

拉 丁 名：*Triaenophora rupestris*（Hemsl.）Solereder　　英文名称：Triaenophora rupestris
科　　属：玄参科（Scrophulariaceae）呆白菜属（*Triaenophora*）　保护级别：濒危种，国家二级珍稀濒危保护植物
主要别名：崖白菜

## 【形态特征】

多年生草本，全体密被白色绵毛，在茎、花梗、叶柄及萼上的绵毛常结成网膜状，高25~50cm；茎多木质化。基生叶较厚，多革质，具长3~6cm的柄；叶片卵状矩圆形，长7~13cm，边缘具粗锯齿，顶部钝圆，基部近于圆形。花具长0.6~2cm的梗；小条形苞片2；萼长1~1.5cm，小裂齿长3~6mm，花冠紫红色；下唇裂片矩圆状卵形，长约6mm，宽5mm；花丝无毛，着生处被长柔毛；子房卵形，无毛；花柱稍超过雄蕊，先端2裂，裂片近于圆形。蒴果矩圆形。种子小，矩圆形。花期7~9月。

## 【地理分布】

在湖北分布于宜昌、五峰、兴山、秭归、咸丰、鹤峰、利川、建始、巴东、神农架、房县、京山、竹溪、谷城、保康等地，四川、湖南也有分布。

## 【野外生境】

生于海拔290~1200m的悬岩上。

## 【价值用途】

全株可入药，有明目补肾、消肿、止血、止痛的功效，又可治疗妇女血崩、白带症。

## 【资源现状】

秭归县屈原镇凤凰溪、兴山县高岚风景区悬崖峭壁多有分布，生长及保存状况良好。三峡植物园2015年少量引进模拟野生生境栽培，未成活。

## 【濒危原因】

生境特殊，野生资源呈零星分布，生境遭到人为破坏，导致野生资源濒危。

## 【保护措施】

开展自然生境和生物学习性观测研究，进行人工繁育研究。

## 【繁殖技术】

种子繁殖。

# 香果树

## 茜草科

拉 丁 名：*Emmenopterys henryi* Oliv.

科　　属：茜草科（Rubiaceae）香果树属（*Emmenopterys*）

英文名称：Emmenopterys henryi

保护级别：近危种，国家二级珍稀濒危保护植物

### 【形态特征】

落叶大乔木。树皮鳞片状；小枝有皮孔，粗壮。单叶对生，叶薄革质，阔椭圆形、卵状椭圆形，长6~30cm，宽3.5~14.5cm，顶端渐尖，基部楔形，全缘，被柔毛或仅沿脉上被柔毛；侧脉5~9对；叶柄长2~8cm，托叶三角状卵形，早落。聚伞圆锥花序顶生，花芳香，花梗长约4mm，变态叶状萼片白色、淡黄色或淡红色，匙状卵形或广椭圆形，长1.5~8.0cm，宽1~6cm，柄长1~3cm；花冠漏斗形，白色或黄色，长2~3cm，被黄白色绒毛。蒴果长圆状卵形或近纺锤形，长3~5cm，径1~1.5cm，有纵细棱；种子多数，小而有阔翅。花期6~8月，果期8~11月。

### 【地理分布】

分布于鄂西北、鄂西南及随州、广水、通山、蕲春、罗田、英山、麻城等地的山地林中，零星分布于陕西、甘肃、江苏、安微、浙江、江西、福建、河南、湖南、广西、四川、贵州和云南等地。

### 【野外生境】

生于海拔400~2200m处的沟谷或山坡谷地的暖温带落叶阔叶林中。

### 【价值用途】

香果树是我国特有单种属、古老孑遗植物、速生用材树种，具有很高的观赏价值和科研价值。耐涝，可作固堤植物。

### 【资源现状】

鄂西山地保存天然林，单株材积年生长量0.0140m³左右。三峡植物园2002年收集栽培，生长状况良好，可正常开花、结果。

### 【濒危原因】

毁林开荒、乱砍滥伐，导致野生资源日益减少，种

子萌发力差，天然更新困难。

### 【保护措施】

建立香果树种质资源保存库；开展人工繁育技术及驯化育种研究及推广应用，扩大香果树分布范围和种群数量。

### 【繁殖技术】

种子繁殖、扦插繁殖。

# 七子花

# 忍冬科

拉 丁 名：*Heptacodium miconioides* Rehd.　　　　　英文名称：Heptacodium miconioides

科　　属：忍冬科（Caprifoliaceae）七子花属（*Heptacodium*）　　　保护级别：濒危种，国家二级保护植物

## 【形态特征】

　　落叶小乔木，幼枝略呈四棱形；茎干树皮呈片状剥落。叶厚纸质，卵形或矩圆状卵形，长 8~15cm，宽 4~8.5cm，顶端长尾尖，基部钝圆，下面脉上有稀疏柔毛，具长 1~2cm 的柄。圆锥花序，长 8~15cm，宽 5~9cm；花序分枝开展，小花序头状，花芳香；花萼筒状，先端具萼齿；花冠长 1~1.5cm，外面密生倒向短柔毛。果实长 1~1.5cm，直径约 3mm，具 10 枚条棱；种子长 5~6mm。花期 6~7 月，果期 9~11 月。

## 【地理分布】

　　湖北仅分布于兴山，且为模式标本产地，野外已不能采到标本。在浙江天台山、四明山、义乌北山、昌化汤家湾及安徽泾县和宣城也有分布。

## 【野外生境】

　　生于海拔 600~1000m 的悬崖峭壁、山坡灌丛中和林下。

## 【价值用途】

　　七子花是我国特有的单型属植物，其形态介于忍冬族和北极花族之间，对研究忍冬科系统演化和区系起源等方面有重要的学术价值。优良的观赏树木。

## 【濒危原因】

　　遗传多样性低，环境适合度差及人为破坏作用，导致野生资源濒危。

## 【资源现状】

　　在产地天台山委托当地林场管理，杭州植物园、浙江台州学院、湖北大老岭保护区有保存。三峡植物园 2016 年引种 1 株栽培，生长良好，3 年生植株暂未见开花；2019 年从浙江台州学院交流引种 10 株 1 年生扦插苗（压条），保存良好。鄂西海拔 1600m 处保存 10 年生人工林，平均地径 13.2cm，冠幅 3.4m，树高 5.4m。

## 【保护措施】

　　开展迁地保护，建立快速育苗体系，扩大栽培范围及种群数量。

## 【繁殖技术】

　　种子繁殖，扦插育苗。

# 蝟 实

拉 丁 名：*Kolkwitzia amabilis* Graebn.　　　　英文名称：Kolkwitzia amabilis
科　　属：忍冬科（Caprifoliaceae）蝟实属（*Kolkwitzia*）　　保护级别：易危种，国家三级保护植物

## 【形态特征】

灌木，高达 3m；幼枝被短柔毛，老枝光滑，茎皮剥落。叶椭圆形至卵状椭圆形，长 3~8cm，宽 1.5~2.5cm，顶端渐尖，基部阔楔形，全缘，两面散生短毛；叶柄短。伞房状聚伞花序；苞片披针形，萼筒外面密生长刚毛，上部缢缩似颈，裂片钻状披针形；花两性，花冠淡红色，长 1.5~2.5cm，直径 1~1.5cm，基部甚狭，外被短柔毛，内面具黄色斑纹；花柱有软毛，柱头不伸出花冠筒外；雄蕊 2 长 2 短，内藏。瘦果状核果 2 个合生，有时其中 1 个不发育，外有刺刚毛，冠以宿存的萼裂片。花期 5~6 月，果期 8~9 月。

## 【地理分布】

在湖北分布于神农架、巴东、保康、房县、竹山、丹江口、十堰、郧西、郧县等地，安徽、河南、甘肃、河北、陕西、山西等地也有分布。

## 【野外生境】

生于海拔 350~1340m 温带地区的山坡、路边和灌丛中。

## 【价值用途】

稀有种，中国特有单种属。对于研究植物区系，古地理和忍冬科系统发育有一定的科学价值。花色艳丽，为优良的观赏植物。

## 【资源现状】

三峡植物园 2014 年引种收集，生长状况良好，5 年生植株已正常开花结果。

## 【濒危原因】

分布区植被破坏严重，致使生境恶化。气候不适于其生长发育；种子败育率高；天然更新不良；人为干扰破坏严重。

## 【保护措施】

加强迁地保护，降低保护过程中带来的自交或近交衰退。中国科学院北京植物园及欧美植物园有引种栽培，可在分布区的适生地区繁殖栽培。

## 【繁殖技术】

种子繁殖，扦插繁殖。

# 水青树 水青树科

拉 丁 名：*Tetracentron sinense* Oliv.
科　　属：水青树科（Tetracentraceae）水青树属（*Tetracentron*）

英文名称：Tetracentron sinense
保护级别：国家二级保护植物

## 【形态特征】

落叶乔木，高 10~12m。全株无毛；树皮红灰色；长枝顶生，细长，短枝侧生，距状，有迭生环状的叶痕及芽鳞痕。叶纸质，单生于短枝顶端，卵形，长 7~15cm，宽 4~11cm，先端渐尖，基部心脏形，边缘密生具腺锯齿，基生脉 5~7 条；叶柄长 2~3.5cm。穗状花序下垂，生于短枝顶端，花 4 朵成一簇；花直径 1~2mm，两性；花被绿色或黄绿色，裂片 4；雄蕊 4，与花被片对生；心皮 4，腹缝连合，花柱 4。蓇葖果 4 深裂，长椭圆形，长 2~4mm，棕色；种子 4~6 枚，条形。花期 7 月，果期 8~10 月。

## 【地理分布】

在湖北分布于宜昌、兴山、长阳、五峰、神农架、宣恩、鹤峰、利川、恩施、咸丰、巴东、房县、保康、十堰、丹江口、竹溪、通山等地，云南、甘肃、陕西、湖南、四川、贵州等地亦有分布。

## 【野外生境】

生于海拔 1100~2200m 的林中。

## 【价值用途】

水青树是第三纪留下的古老孑遗植物，木材无导管，对研究中国古代植物区系演化、被子植物系统和起源有重要科学研究价值。适宜栽培作观赏和行道树。

## 【资源现状】

零星散生残留于深山、峡谷、溪边或陡坡悬岩处。三峡植物园已经引种栽培，生长状况良好。

## 【濒危原因】

过度采伐导致野生资源日益减少。

## 【保护措施】

保护好零星散生的母树，促进天然更新，并积极

开展育苗、造林。

## 【繁殖技术】

种子繁殖，扦插繁殖。

# 茶菱

**胡麻科**

拉 丁 名：*Trapella sinensis* Oliv.　　英文名称：Trapella sinensis

科　　属：胡麻科（Pedaliaceae）茶菱属（*Trapella*）　　主要别名：荇米、铁菱角（江西石城）

## 【形态特征】

多年生水生草本。根状茎横生，有多数须根；茎长 45~60cm，疏生分枝，无毛。叶对生，沉水叶披针形，长 3~4cm，疏生锯齿，有短柄；浮水叶肾状卵形或心形，长 1.5~2.5cm，宽 2~3.5cm，顶端圆钝，基部浅心形，有 3 脉，边缘有波状齿，光亮；叶柄长约 1~1.5cm。花单生叶腋，两性，淡红色，在茎上部叶腋多为闭锁花；花梗长约 1~3cm，花后增长；花冠漏斗状，裂片 5，圆形；雄蕊内藏。蒴果圆柱形，长 1.5~2cm，不裂，有翅，在宿存花萼下有 5 细长针刺。花期 6 月。

## 【地理分布】

分布于黑龙江、吉林、辽宁、河北、安徽、江苏、浙江、福建、湖南、湖北、江西、广西。

## 【野外生境】

生于海拔 300m 左右的池塘或湖泊中。适应性广，最适温度为 18~32℃。

## 【价值用途】

用于水体绿化，景观造景。

## 【资源现状】

茶菱株形小，生长速度较慢，适应全日照环境。三峡植物园 2015 年收集保存，能正常更新。

## 【濒危原因】

水稻湿地大量使用除草剂，生境遭严重破坏。

## 【保护措施】

湿地公园原地保存。

## 【繁殖技术】

种子繁殖，扦插繁殖。

# 大血藤

## 木通科

拉 丁 名：*Sargentodoxa cuneata* (Oliv.) Rehd. et Wils.　　英文名称：Sargentodoxa cuneata

科　　属：木通科（Lardizabalaceae）大血藤属（*Sargentodoxa*）

主要别名：血藤、红皮藤、红藤、千年健

### 【形态特征】

落叶木质藤本。叶互生，为三出复叶，无托叶；叶柄长 3~12cm；中央小叶长椭圆形或倒卵形，长 6~11cm，宽 4~7cm，小叶柄长 5~10mm；侧生小叶较大，肾形，偏斜。花序总状，下垂；花单性，雌雄异株；萼片和花瓣均 6 片，黄色；雄花有雄蕊 6 个，雄蕊与花瓣对生；雌花有退化雄蕊 6 个，心皮多数，离生，螺旋排列，胚珠 1。浆果肉质，有柄，多数着生一球形的花托上；种子卵形。花期 4~5 月，果期 6~9 月。

### 【地理分布】

在湖北、陕西、四川、贵州、湖南、云南、广西、广东、海南、江西、浙江、安徽，中南半岛北部（老挝、越南北部）有分布。

### 【野外生境】

生于海拔 250~1800m 的山坡疏林中。

### 【价值用途】

根和藤入药，强筋壮骨，活血通经，并治阑尾炎、跌打等，也可用为杀虫剂。茎皮含纤维，可制绳索，枝条可为藤条代用品。

### 【资源现状】

三峡植物园 2016 年引种保存，生长状况良好，未见开花。

### 【濒危原因】

野生资源被不合理利用，且生境遭破坏。

### 【保护措施】

加强原地保护，开展植物驯化研究，及园艺化栽培。

### 【繁殖技术】

扦插繁殖。

# 蛇足石杉

## 石杉科

拉 丁 名：*Huperzia serrata* (Thunb. ex Murray) Trev.　　英文名称：Huperzia serrata

科　　属：石杉科（Huperziaceae）石杉属（*Huperzia*）

主要别名：蛇足石松、千层塔、救命王、宝塔草、百年杉、矮罗汉

【形态特征】

多年生土生蕨类。茎直立或斜生，高10~30cm，中部直径1.5~3.5mm，枝连叶宽1.5~4.0cm，2~4回二叉分枝，枝上部常有芽胞。叶螺旋状排列，疏生，平伸，狭椭圆形，向基部明显变狭，通直，长1~3cm，宽1~8mm，基部楔形，下延有柄，先端急尖或渐尖，边缘平直，有粗大或略小而不整齐尖齿，两面光滑，有光泽，中脉突出明显，薄革质。孢子叶与不育叶同形；孢子囊生于孢子叶的叶腋，两端露出，肾形，黄色。叶缘具粗齿是本种的识别特征。

【地理分布】

在湖北分布于宜昌、兴山、十堰竹溪、恩施州全境，全国除西北地区部分省份及东北地区外均有分布，以县级为单位的分布地区达188个。

【野外生境】

多野生在海拔300~2700m，温度为10~22℃，相对湿度85%左右的林缘、沟边和石上阴湿处，常与金发藓及暖地大叶藓等苔藓类植物伴生。喜湿润、荫蔽环境，在土层深厚、疏松肥沃、排水良好、富含腐殖质的沙壤土中生长良好。

【价值用途】

全草入药，有清热解毒、生肌止血、散瘀消肿的功效，治跌打损伤、瘀血肿痛、内伤出血，外用治痈疔肿毒、毒蛇咬伤、烧烫伤等。但该品有毒，中毒时可出现头昏、恶心、呕吐等症状。

【资源现状】

三峡植物园收集保存种质资源，生长情况一般。

【濒危原因】

生境遭破坏。

【保护措施】

保护现有资源及原生地生境。

【繁殖技术】

孢子繁殖，分株繁殖。

# 金毛狗

拉 丁 名：*Cibotium barometz* (L.) J. Sm.　　　英文名称：Cibotium barometz
科　　属：蚌壳蕨科（Dicksoniaceae）金毛狗属（*Cibotium*）　　保护级别：国家二级保护植物
主要别名：金毛狗脊、黄毛狗、猴毛头

## 【形态特征】

大型陆生蕨类，高可达 3m，根状茎卧生，粗大，密生棕黄色的长茸毛，形状如狗头，叶一型，密生，簇生成冠状，叶柄可达 1m，基部直径达 2cm，褐色，基部被黄金色长柔毛和黄色狭长披针鳞片；叶片半革质，宽卵形，长 100~140cm，3 回羽状分裂，羽片互生，疏离；孢子囊群生于叶背下面部的小脉顶端，囊群盖二裂状，矩圆形，成熟时裂开成蚌壳。孢子同型，每个孢子均为四面体形。

## 【地理分布】

在湖北大部分地区有分布，在我国主要分布在云南、贵州、四川南部、两广、福建、台湾、海南岛、浙江、江西和湖南南部（江华县）等地。

## 【生境】

生于海拔 900m 以下山麓沟边及林下。

## 【价值用途】

民间著名的药用植物，具有补肝肾、强腰膝、除风湿、壮筋骨等功效；金毛狗株形高大，叶姿优美，亦为优良的观赏植物。

## 【资源现状】

三峡植物园 2016 年收集保存 20 株，生长状况良好，暂未见自然更新。

## 【保护措施】

保护原生地生境，防止野生资源利用过度。

## 【濒危原因】

原生境遭破坏。

## 【繁殖技术】

分株繁殖。

# 桫椤

**桫椤科**

拉 丁 名：*Alsophila spinulosa* (Wall. ex Hook.) R. M. Tryon　　　英文名称：Alsophila spinulosa

科　　属：桫椤科（Cyatheaceae）桫椤属（*Alsophila*）　　　保护级别：国家一级保护植物，渐危

主要别名：台湾桫椤、蛇木、树蕨

## 【形态特征】

乔木状，高 3~5m。茎干高大，高 1~4m，直径约 10~15cm，外被宿存的叶柄基部。叶丛生于茎顶呈树冠状；叶柄连同叶轴下部密生短刺，基部密生棕色线状披针形的鳞片；叶片椭圆形，基部圆楔形，三回羽状分裂；羽片 12~16 对，互生，略斜向上，有柄，狭矩圆形，二回羽状分裂；二回羽片 16~18 对，互生，近无柄，线状披针形，羽状深裂；裂片 15~20 对，互生，略斜向上，披针形，顶端钝，边缘略有钝齿；坚纸质，背面有小鳞片；裂片具羽状脉，侧脉分叉。孢子囊群圆球形，生于侧脉分叉处隆起的囊托上；囊群盖球形，顶端开裂。

## 【地理分布】

桫椤主要生长在热带和亚热带地区，东南亚和日本南部也有分布，我国主要分布于台湾、福建、广东、广西、贵州、四川、云南、西藏等地。

## 【野外生境】

生于海拔 1000m 以下的常绿阔叶林下及林边或沟谷的溪边，多为散生，但在邻水有成片生长的群落。

## 【价值用途】

桫椤科植物的古老性和孑遗性，它对研究物种的形成和植物地理区系具有重要价值，它与恐龙化石并存，在重现恐龙生活时期的古生态环境，研究恐龙兴衰、地质变迁具有重要参考价值；亦具有景观栽培及药用价值。

## 【资源现状】

福建、广西等分布区已经建立桫椤保护区，同时进行生态学、繁殖生物学的研究，扩大分布面积、避免分布区南缩。三峡植物园 2014 年从广西引种收集

保存，露地栽培不能越冬，2018 年引进栽植于温室中保存培育。

## 【濒危原因】

生境破坏，盗挖滥砍，自然繁殖和植株生长对环境要求严格，孢子体生长缓慢，生殖周期较长，致使种群数量越来越少。

## 【保护措施】

开展回归研究及推广应用。

## 【繁殖技术】

孢子繁殖。

# 黑桫椤

拉 丁 名：*Alsophila podophylla* Hook.　　　　英文名称：Alsophila podophylla

科　　属：桫椤科（Cyatheaceae）桫椤属（*Alsophila*）　　保护级别：国家一级保护植物

主要别名：鬼桫椤、结脉黑桫椤

## 【形态特征】

植株高 1~3m，有短主干，或树状主干高达数米，顶部生出几片大叶。叶柄红棕色，略光亮，基部略膨大，粗糙或略有小尖刺，被褐棕色披针形厚鳞片；叶片大，长 2~3m，一回、二回深裂以至二回羽状，沿叶轴和羽轴上面有棕色鳞片，下面粗糙；羽片互生，斜展，柄长 2.5~3cm，长圆状披针形，长 30~50cm，中部宽 10~18cm，顶端长渐尖，有浅锯齿；小羽片约 20 对，互生，近平展，柄长约 1.5mm，小羽轴相距 2~2.5cm，条状披针形，基部截形，宽 1.2~1.5cm，顶端尾状渐尖，边缘近全缘或有疏锯齿，或波状圆齿；叶脉两边均隆起，主脉斜疤，小脉 3~4 对，相邻两侧的基部一对小脉（有时下部同侧两条）顶端通常联结成三角状网眼，并向叶缘延伸出一条小脉（有时再和第二对小脉联结），叶为坚纸质，干后疤面褐绿色，下面灰绿色，两面均无毛。孢子囊群圆形，着生于小脉背面近基部处，无囊群盖，隔丝短。

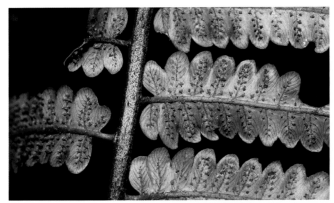

## 【地理分布】

分布于浙江、台湾、广东、广西、海南和云南南部等地。

## 【野外生境】

生于海拔 95~1100m 的山坡林、溪边灌丛中。

## 【价值用途】

现今仅有木本蕨类植物，树姿优美，可作观赏植物。

## 【资源现状】

在部分分布区建立保护区，同时进行生态学、繁殖生物学的研究，扩大分布面积。三峡植物园 2014 年引种保存，露地栽培不能越冬，2018 年引进栽植于温室中保存培育。

## 【濒危原因】

生境破坏，盗挖滥砍，自然繁殖和植株生长对环境要求严格，孢子体生长缓慢，生殖周期较长，致使种群数量越来越少。

## 【保护措施】

开展回归研究及推广应用。

## 【繁殖技术】

孢子繁殖。

# 荷叶铁线蕨

拉 丁 名：*Adiantum reniforme* L. var. *sinense* Y. X. Lin　　英文名称：Adiantum reniforme
科　　属：铁线蕨科（Adiantaceae）铁线蕨属（*Adiantum*）　　保护级别：国家二级稀有濒危植物
主要别名：荷叶金钱草（四川万县）、铁丝草、铁线草

## 【形态特征】

植株高 5~20cm。根茎短，直立，密生鳞片，鳞片披针形，边缘有齿，黄棕色。叶簇生；叶柄长 5~12cm，圆柱形，深棕色，有光泽，下部有黄棕色节状长毛，近顶处也有毛；叶柄着生处有一或深或浅的缺刻，两侧垂耳有时扩展而彼此重叠；叶片圆肾形，长宽各为 2~6cm，基部心形，边缘有小圆齿，叶片上面围绕着叶柄着生处，形成 1~3 个同心圆圈；叶干后草绿色，天然枯死呈褐色，纸质或薄革质，背面基部有棕色卷曲的节状毛；叶脉多回二叉成辐射状排列，不明显。孢子囊群矩圆形，位于叶上缘及两侧；囊群盖矩圆形或半圆形，全缘，棕色。

## 【地理分布】

特产重庆市（万县、涪陵、石柱县）。

## 【野外生境】

生于海拔 350m 阴湿的岩石上。

## 【价值用途】

全草作药用，民间称为荷叶金钱，能清热解毒，利尿通淋；也可栽培作观赏用。此外，荷叶铁线蕨为铁线蕨科最原始的类型，在亚洲大陆仅见于三峡地区，具有重大科研价值。

## 【资源现状】

分布区狭窄，种群数量少，加上生境变化，野生资源数量急剧减少，迁地保护种质数量较少。2002 年从武汉植物园引种栽植于三峡植物园阴棚内，植株生长正常，能通过根萌增殖。三峡植物开展异地回归试验，野外微小生境能够正常生长增殖，未见天然孢子更新幼苗。

## 【濒危原因】

生境遭破坏，野生资源被过度采挖入药，导致野生资源濒危。

## 【保护措施】

开展苗木扩繁、异地回归研究及推广应用。

## 【繁殖技术】

分株繁殖，孢子繁殖。

# 中文索引

# 拉丁文索引